우주
양자
마음

The Large,

the Small

and the Human Mind

THE LARGE, THE SMALL AND THE HUMAN MIND
by Roger Penrose

Copyright © Cambridge University Press 1997
All rights reserved.

Korean Translation Copyright © ScienceBooks 2002, 2020

Korean translation edition is published by arrangement with
Cambridge University Press.

이 책의 한국어판 저작권은 Cambridge University Press와
독점 계약한 ㈜사이언스북스에 있습니다.

저작권법에 의해 한국 내에서 보호를 받는 저작물이므로
무단 전재와 무단 복제를 금합니다.

우주
The Large,
양자
the Small
마음
and the Human Mind

로저 펜로즈 외 3인

김성원 · 최경희 옮김

사이언스 북스
SCIENCE BOOKS

케임브리지 대학교 출판부는 '인간 가치에 관한 태너 강연'(1995년)이 열릴 수 있게 후원해 준 클레어 홀(Clare Hall)의 학장 및 회원들에게 깊이 감사한다.

한국어 판에 부쳐

이 책은 내가 1995년에 영국의 케임브리지 대학교에서 했던 세 번의 태너(Tanner) 강연을 거의 그대로 옮긴 것이다. 강연 내용에 대한 애브너 시모니(Abner Shimony), 낸시 카트라이트(Nancy Cartwright), 스티븐 호킹(Stephen Hawking)의 신뢰성 있고 건설적인 비평과, 거기에 대한 내 응답을 같이 실었다. 이것은 모두 강의가 끝난 직후 같은 날에 행해졌다. 이것이 7년 전의 일이고, 독자들은 7년 동안에 사정이 어떻게 변했는지 궁금할 것이다. 그때 이후로 **근본적인** 것은 전혀 변하지 않았다고 말해도 좋다. 사변적인 개념은 사변적인 채로 남아 있고, 완전히 확립된 것으로 보이는 개념도 그 상태를 유지하고 있다.

그러나 세부적인 면에서 약간의 중요한 발전이 있었다. 아마 그 중에서 가장 전망이 밝은 것은 겉보기에 적합해 보이지만 실제로는 어려운 실험으로, 이 실험은 **양자 상태의 오그라듦**(quantum State reduction)이라는 현상에 대한 나의 아이디어를 실제로 검증할 수 있는 것이다. 양자 상태의 오그라듦은 이 책 전체에 걸쳐 가장 핵심적인 주제이다. '상태의 오그라듦'이라는 말은 '큰 물리학(고전 물리학)'과 '작은 물리학(양자물리학)' 사이의 균열에 다리를 놓기 위해 양자물리학자들이 채택한 임시적인 과정을 뜻한다. 무엇이 이 '다리'를 떠받치고 있는지 이해하기 위한 현재의 시도에 뭔가 커다란 구멍이 있다고 나는 주장하려고 한다. 내가 제시하는 실험(또는 비슷한 유형의 다른 실험)은 현재의 양자론이 가진 한계를 탐지하기 위해 설계된 것이며, 큰 물리학으로 넘어가는 새로운 원리가 나올 수 있는 수준을 제시하기 위한 것이다. 「부록 2」에서 나는 이런 실험에 대한 기본 아이디어를 간략하게 설명했다. 그러나 이 시점에서 사정이 상당히 달라져서, 나의 옥스퍼드 대학교 동료 딕 보미스터(Dik Bouwmeester)와 윌 마셜(Will Marshall) 그리고 크리스토프 사이먼(Christoph Simon)이 실현 가능한 실험 설계에 인상적인 발전을 이루었다. 이 원리를 채택한 실험에서 마침내 긍정적인 결과가 나온다면, 이것은 우리가 찾아야 할 큰 물리학과 작은 물리학 사이의 **진정한** 다리의 규모와 위치에 대해 우리에게 뭔가를 알려줄 것이다.

그러나 이 다리를 떠받칠 수학적 기초가 아직 전혀 알려져 있지 않다. 최근의 이론적 발전이 나의 동료 폴 토드(Paul Tod)와 아이린 모로즈(Irene Moroz)에 의해 이루어졌는데, 이것이 이 질문에 약간의 빛을 던져줄지 모르지만, 우리가 모르는 본질적인 아이디어는 아직 먼 곳에 있다. 내 생각에, 여기에 필요한 개념적 변화는 물리적 우주를 지배하는 법칙에 대한 우리의 이해에 거대한 **이론적 혁명**을 가져올 것이다. 운이 좋다면 우리는 아마 이 혁명을 21세기 전반(前半)에 보게 될 것이다. 그러나 이렇게 된다고 해도, 이 혁명은 그리 쉽게 오지 않을 것이다.

이 책의 처음 두 장은(세 번의 태너 강연 중 처음 두 강연) 순전히 물리학에 관한 것을 다루는 반면, 세 번째 장은 다른 주제를 다루는데, 이 주제도 나와 깊은 연관이 있다고 말할 수 있다. 이것은 **의식을 가진** 정신의 물리적 본질에 관한 것이다. 내가 여기에서 주장하려는 내용에 따르면, 우리가 의식을 가지고 성취할 수 있는 것은 순수 계산 장치를 넘어선 것이다. 특히 **수학적 이해**는 의식에 의존하는 그 무엇이며, 수리논리학에 대한 괴델의 유명한 정리를 빌어, 그러한 이해는 계산이라는 영역의 바깥에 존재한다고 나는 주장한다. 「부록 1」에서 나는 놀라운 정리 하나를 제시했는데, 그것은 1944년에 루벤 루이스 굿스타인(Reuben Louis Goodstein)이 발표한 것으로, 괴델 정리의 극적인 예를 들어 수학자가 아닌 사람도 이해할 수 있게 하였다. 이것을 이해하는 사람은 괴델 정리의 철학적 의미에 대해서도 약간의 감을 잡을 수 있을 것이다. 두 부록은 태너 강연 이후에 추가한 것이다.

의식이 진정 계산의 범위 밖에 있다면(그리고 의식이 물리적인 뇌의 산물이라면), 뇌의 작용을 지배하는 물리학도 결국 순수 계산의 범위 밖에 있을 것이다. 그러나 우리의 뇌도 특별한 물질로 이루어져 있지 않아서, 우주 전체에 퍼져 있는 모든 물질과 똑같은 물리 법칙의 지배를 받는다. 따라서 뇌의 '비계산적인' 물리적 특성은 비계산적인 물리 법칙에서 나와야 한다. 큰 물리학이든 작은 물리학이든, 현재까지 알려진 물리학 중에는 이런 것이 없다. 그래서 나의 주장은 둘 사이의 간극에 드리워진, 우리가 모르는 **다리**에서 이것을 찾아야 한다는 것이다.

그러나 이 주장이 일리가 있으려면, 분리 간극이 센티미터 수준인 대규모 양자 결맞음(quantum coherence)을 유지할 수 있는 구조물이 뇌 속에 있어야 한다. '뜨겁고 번잡한' 뇌 속에서 이것이 가능하려면 뇌가 어떤 물리적 조건을 갖추어야 하는가? 신경계에 대한 일반적인 설명은 거의 전적으로 통상적인 신경 신호에 의존하기 때문에 명백히 여기에 맞지 않다. 나의 주장에서 가장 사변적인 부분은 내 동료 스튜어트 해머로프(Stuart Hameroff)의 아이디어로, 뉴런의 미세소관이 핵심적인 역할을 해서 시냅스의 신호 전달에 큰 영향을 준다는 것이다. 이 제안은 거센 반박을 받았지만, 그럼에도 불구하고 미세소관 속에서 양자 결맞음 현상이 일어날 가능성은 충분히 있다. 이 분야에서 약간의 긍정적인 발전이 있었지만, 결정적인 실험은 아직 없었다. 한 가지 특히 흥미로운 실험 아이디어는(미세소관 가설에 국한된 것은 아니다) 앤드루 더긴스(Andrew Duggins)가 제안한 것이다. 이것은 본질적으로 양자역학적 비국소성이 (2장의 아인슈타인 – 포돌스키 – 로젠 실험처럼) 의식에서 중요한 역할을 한다는 것을 밝힐 수 있을 것이다. 하지만 아직 결론을 낼 만한 결과는 없다.

마지막으로 가장 거대한 규모의 질문이 남는데, 그것은 우주에 관한 것이다. 전체 우주의 구조에 대해 여러 가지 새로운 인상적인 관측들이 나왔다. 하지만 논란이 되는 주요 문제에 대해 결정적인 해답은 아직 없다고 나는 생각한다. 나는 여전히 우주가 열려 있는지 닫혀 있는지를 예상할 수 있는 관측을 학수고대하고 있다. 내가 '좋아하는' 대로 우주가 열려 있는지(이 책의 '그림 1.15'와 '그림 1.17'에 나오는 네덜란드 화가 에셔(M.C. Escher)의 그림이 장대하게 보여 주듯이), 또는 아인슈타인 이론의 '우주 상수'가 실제로 존재하는지, 우주 진화에서 가설적인 '급팽창(inflation) 단계'가 있었는지 보여 줄 관측을 나는 아직 기다리고 있다.

이 책은 나의 태너 강연을 그대로 옮겨 적은 것이어서, 여기에 나오는 설명이 치밀하게 다듬은 책의 매끄러움은 없겠지만, 나름대로 현장감이라는 이점은 있을 것이다. 이 책을 다듬은 것은 기본적으로 맬컴 롱에어 교수의 뛰어난 편집 솜씨이다. 그는 내용을 다듬어 형태를 부여하기 위해 나보다 더 많은 수고를 했다. 다른 곳에서 직접 가져오지 않은 그림들은 그가 개인적으로 준비해 주었다. 나머지는 주로 내가 그린 것으로, 이전에 내가 쓴 두 책 『황제의 새 마음(The Emperor's New Mind)』과 『마음의 그림자(Shadows of the Mind)』에서 가져왔다.

2002년 10월
로저 펜로즈

옮긴이의 말

21세기는 인간의 세기이다. 과학적으로는 인간에 대한 유전자 조작이나 생명 복제 기술 같은 생명과학을 비롯하여, 인간의 생활 환경과 패턴 그리고 정체성을 변화시키는 네트워크와 정보과학에 이르기까지, 21세기는 그야말로 과학적으로나 철학적으로 모두 인간이 중심이 되어 가고 있는 세기이다. 이러한 시기에 인간을 탐구하기 위해 선행하여 다루어야 할 가장 본질적인 문제는, 과연 이 우주 공간 속에 인간의 마음 또는 정신과 관련된 규칙이 있는가, 그리고 있다면 그것은 자연에 대한 규칙과 어떤 관련성이 있는지를 이해하는 것이라 할 수 있다.

자연에 대한 규칙으로서 물리학이 다루는 것은 아주 작은 세상을 설명하는 양자론과 거대 규모의 세상을 설명하는 상대성 이론이다. 두 이론은 각각이 잘 들어맞고 정확한 것으로 인정받고 있기는 하지만, 둘 사이의 이론적 간격은 너무나 커서 서로 조화를 이루도록 하기에는 현재의 과학 지식에 부족한 점이 많다. 그러나 언젠가는 두 분야를 연결하는 다리가 만들어져 놓이게 될 것이다.

한편 인간의 마음, 인지, 사고 등에 대한 이해는 최근 새로운 각도에서 이루어지고 있다. 인간의 마음을 다루는 일은 자연과학이 아닌 형이상학의 문제라고 생각할 수도 있다. 하지만 인간의 생각이 결국 뇌에서 이루어지는 과학적인 과정이라는 가설에 별 문제가 없다면, 이러한 주제들도 현대 물리학이 가진 지식의 토대 위에서 이해하려는 노력이 있어야 할 것이다.

로저 펜로즈는 참으로 박학다식한 사람이다. 그는 수학부터 물리학, 정보학, 생물학 등 거의 모든 분야를 섭렵하여 전문가적 지식을 집적하고 융화시켜 하나의 작품으로 만들어 내는 아주 특별한 재능을 지니고 있다. 그는 처음에는 수학자로 출발하였지만 지금은 인간의 마음과 관련된 인지심리학에까지 자신의 견해를 펼치고 있다.

그는 베스트셀러였다가 고전의 반열에 든 전작인 『황제의 새 마음』과 『마음의 그림자』의 연장선 상에서 이번에는 좀 더 간결하면서도 분명하게 자신의 뜻을 전달할 뿐만 아니라, 명료한 결론과 새로운 제안도 보여 주고 있다. 즉 펜로즈는 마음과 생각과 인지가 뇌라는 소규모의 자연에서 만들어지는 과정이므로, 그것을 계산기적으로 구현해 낼 수 있는지 없는지(계산 가능성)를 물리학 이론으로 설명해 내야 한다고 주장한다.

이를 위해서는 현재 양자론에서 고려하고 있는 측정과 실재론

옮긴이의 말 • 11

문제, 그리고 우주론에서 대폭발 직후 초기의 우주 구조 및 시공간 문제 등이 선결(先決)되어야 할 것이다. 궁극적으로는 삼라만상을 포함하는 이 우주를 운행하는 조화롭고 유일한 법칙이 나와야 하지만 현재로서는 하나님 외에 아무도 그 법칙을 모르고 있다. 앞에서 언급했듯이 이것은 각각이 극과 극을 달리는 두 영역인 양자론과 우주론을 하나로 합치는 문제, 즉 양자 중력 이론 혹은 중력의 양자화 문제가 해결되어야 한다. 그래야만 진정한 의미에서 양자와 우주가 한꺼번에 하나의 아름다운 이론으로서 설명이 가능할 것이다.

그동안 이론 물리학에서는 양자 중력 이론을 문제 해결사 혹은 문제를 만들어내는 문제아로 취급해 왔다. 왜냐하면 중력의 양자화에 이르러 부닥치는 문제들이 허다하고, 또 문제가 생기면 양자 중력 이론이 해결할 것이다라고 슬그머니 꽁무니를 빼는 경우도 많기 때문이다. 앞으로 이 양자 중력 이론이 완성될 경우, 인간의 마음을 어떻게 바라보고 어떻게 해석할지 궁금하다.

이 책은 현대 물리학의 진수 또는 중심 화두라 할 수 있는 양자론과 우주론, 그리고 두 이론의 교차점에서 바라보는 마음의 문제를 다루고 있다. 이것은 시간과 공간, 그 사이에서 살아 가는 우리 인간이 한번쯤은 음미하고 고민해야 할 문제이다.

2002년 10월
김성원

머리말

지난 10여 년 동안에 저명한 과학자들이 대중적인 책을 써서, 과학의 진수와 연구 과정에서 느끼는 과학자들의 흥분을 일반 독자들에게 전하려고 시도한 것은 참으로 바람직한 발전이다. 이러한 예들 중 두드러진 것을 보면, 출판 역사상 놀라운 성공을 거둔 스티븐 호킹의 『시간의 역사(*A Brief History of Time*)』, 본질적으로 어려운 주제가 짜릿한 탐정 소설처럼 읽힐 수도 있다는 것을 잘 보여 준 제임스 글리크(James Gleick)의 『카오스(*Chaos*)』, 현대 입자물리학의 본질과 목적을 매혹적이고 알기 쉽게 설명한 스티븐 와인버그(Steven Weinberg)의 『최종 이론의 꿈(*Dreams of a Final Theory*)』이 있다.

이러한 대중화의 물결 속에서 1989년에 나온 로저 펜로즈의 『황제의 새 마음』은 여느 책들과는 확연히 구별되는 독특한 저작이었다. 다른 저자들은 현대 과학의 내용과 감동을 전하는 것을 목표로 삼았지만, 펜로즈는 겉보기에 서로 아무 관계도 없는 물리학, 수학, 생물학, 뇌 과학, 심지어 철학의 여러 주제들이 새롭고 아직 정의조차 되지 않은 근본적인 과정의 이론 안에 맞물려 들어갈 수 있다는 놀랍고 독창적인 통찰을 제시했다. 당연하게도 『황제의 새 마음』이 발표되자 많은 논란이 일어났고, 1994년에 펜로즈는 두 번째 저서 『마음의 그림자』를 통해 『황제의 새 마음』에 쏟아진 많은 비판들에 대답하면서 더 깊은 통찰과 발전된 생각들을 보여 주었다. 1995년에 태너 강연에서 그는 두 책의 중심 주제들을 간략하게 살펴보는 강연을 한 다음에 애브너 시모니, 낸시 카트라이트, 스티븐 호킹과 함께 여기에 대해 토론했다. 이 책의 1·2·3장이 된 세 강연에서는 두 전작에서 자세히 설명된 개념들을 간략히 소개하고, 4·5·6장에서는 세 토론자들이 이 내용에 대해 고려해야 할 점들을 지적한다. 7장에서는 다시 펜로즈가 토론자들의 지적에 대해 자신의 의견을 말한다.

펜로즈가 쓴 장들은 그 자체로 웅변적이지만, 현대 과학의 가장 심오한 문제들에 대한 그의 특별한 접근법에 배경이 될 만한 것을 여기에서 조금 소개하는 것이 좋겠다. 그는 이 시대의 가장 뛰어난 수학자로 널리 알려져 있지만, 사실상 그의 연구는 실제적인 물리적 배경에 튼튼한 뿌리를 둔 것들이다. 천체물리학과 우주론 분야에서 그의 가장 유명한 연구는 중력의 상대성 이론에 관한 정리인데, 몇 가지는 스티븐 호킹과 함께한 것이다. 그중 한 정리는 중력의 고전적 상대성 이론에 따르면 블랙홀 안에 어쩔 수 없이 물리적 특이점이 존재할 수밖에 없다는 것인데, 다시 말해 공간의 곡률 또는 물질의 밀도가 무한히 커지는 곳이 블랙홀 안에 존재한다는 것이다. 또 다른 정리는 중력의 고전적 상대성 이론에 따르면 대폭발 (Big Bang) 우주 모형에서는 태초에 유사한 물리적 특이점이 불가피하게 존재했다는 것이다. 물리학적으로 의미 있는 모든 이론에는 물리적 특이점이 없어야 하므로, 어떻게 보면 이것은 이 이론들에 심각한 불완전성이 존재한다는 것을 뜻할 수도 있다.

그러나 이것은 수학과 수리물리학의 다양한 분야에 기여한 그의 막대한 공헌 중의 한 가지에 불과하다. '펜로즈 과정(Penrose process)'은 입자들이 회전하는 블랙홀에서 회전 에너지를 얻을 수 있는 한 가지 방법이다. '펜로즈 도형(Penrose diagram)'은 블랙홀에 가까이 있을 때 물질들의 성질을 연구하는 데 이용된다.

그의 접근 방법은 1~3장에 걸쳐 잘 드러나는 강력하고 생생한 기하학적 감각을 바탕으로 한다. 일반인들은 이런 면모를 에서의 '불가능(impossible)' 그림들과 '펜로즈 타일(Penrose tile)'을 통해 가장 잘 알 수 있다. 펜로즈와 그의 아버지 라이오넬 펜로즈(Lionel S. Penrose)의 논문이 에서의 여러 가지 '불가능' 그림들에 영감을 주었다는 사실은 참으로 흥미롭다. 게다가 펜로즈는 1장에서 쌍곡기하(hyperbolic geometry)에 대한 자신의 열광을 설명하기 위해 에서의 그림 '원형 한계(circle limit)'를 사용했다. 펜로즈 타일은 몇 가지 모양의 타일로 무한 평면을 완벽하게 덮을 수 있는 놀라운 기하학적 구성이다. 이러한 타일 붙이기의 가장 놀라운 예는 무한 평면을 완전히 덮으면서도 반복되지 않는 것이다. 다시 말해 무한한 평면 안의 어떤 지점에서도 타일이 결코 동일한 형태로 덮이지 않는다는 것이다. 이 주제는 정밀하게 정의된 수학적 처리 절차를 컴퓨터가 수행할 수 있는지에 관한 문제와 관련되어 3장에 다시 나온다.

펜로즈는 현대 물리학의 가장 심오한 문제들을 풀기 위해, 수학과 물리학에서 이룬 자신의 비상한 업적들과 함께 여러 가지 대단한 수학적 무기들을 들이댄다. 그가 말하는 문제의 실재성과 중요성에 대해서는 더 이상 의문의 여지가 없다. 우주론자들에게는 대폭발 이론이 우주의 대국적 특성을 이해하는 데 가장 설득력 있는 방안이라고 확신할 만한 충분한 근거가 있다. 그러나 이것은 여러 가지 면에서 심각하게 불완전하다. 대부분의 우주론자들은 우주 탄생 이후 1,000분의 1초부터 현재까지 우주의 전체적 특성을 설명하는 데 필요한 기본 물리학을 우리가 잘 이해하고 있다고 생각한다. 그러나 이것은 초기 조건을 아주 잘 잡았을 때만 옳다. 중요한 문제는 우주의 나이가 1,000분의 1초보다 상당히 짧았던 때는 현재 알려진 어떤 물리학을 시도해 봐도 다 틀리고, 따라서 알려진 물리 법칙의 합리적인 외삽에 의존할 수밖에 없다는 것이다. 우리는 이 초기 조건이 어땠을지 잘 알지만, 그것이 왜 그렇게 되었는지는 순전히 추측의 문제이다. 이것이 현대 우주론의 가장 중요한 문제라는 것에는 모두들 동의하고 있다.

이 문제를 해결하려는 시도로 표준적인 틀이 개발되었는데, 이 것이 초기 우주의 급팽창(inflation) 이론이다. 이 이론에서도 우주의 어떤 성질은 창조의 순간으로부터 최소의 시간이 지났을 때, 즉 플랑크 시기(Plank epoch)의 조건에서 결정되는 것으로 생각된다. (이때 이후라야 양자 중력을 생각할 수 있기 때문이다.) 우주의 나이가 불과 약 10^{-43}초였던 때가 이 시기이며, 이것은 너무 극단적이라고 느껴지기도 하지만, 오늘날 우리의 지식을 고려할 때 이 극단적인 시기에 어떤 일이 일어났는지 진지하게 생각해 보아야 한다.

펜로즈는 통상적인 대폭발 이론은 받아들이지만, 초기 단계에 급팽창이 일어났다는 생각은 받아들이지 않는다. 차라리 그는 아직 알려지지 않은 물리학이 있다고 믿는다. 이것은 이론물리학자들이 오랫동안 해결하기 위해 노력했지만 아직 알아내지 못한, 제대로 된 중력의 양자 이론에 관련된 물리학이다. 이것을 아직 알아내지 못한 이유는 이론물리학자들이 잘못된 문제를 풀려고 했기 때문이라고 펜로즈는 주장한다. 그가 생각하고 있는 것은 부분적으로 우주 전체의 엔트로피 문제와 관련이 있다. 엔트로피, 쉽게 말해 무질서는 시간에 따라 증가하므로, 우주는 분명 엔트로피가 아주 작은 고도의 '질서 상태'에서 출발했을 것이다. 이런 일이 우연히 일어날 가능성은 너무나 낮다. 펜로즈는 이 문제가 올바른 양자 중력 이론의 일부로서 해결되어야 한다고 주장한다.

이러한 양자화의 필요성이 양자물리학의 문제들을 다루는 2장에서 논의된다. 양자역학과 양자장론의 상대성 이론적 확장은 입자물리학과 원자의 성질에 관한 여러 가지 실험 결과를 현상론적으로 설명하는 데 성공해 왔다. 그러나 이 이론의 완전한 물리적 의미가 드러나기까지는 여러 해가 걸렸다. 펜로즈가 아름답게 보여주듯이, 이 이론은 고전 물리학에는 없는 매우 비직관적인 면모를 본질적인 구조의 일부로 가지고 있다. 예를 들어 비(非)국소성 (non-locality) 현상에서는 쌍생성으로 입자 – 반입자 쌍이 만들어질 때 각 입자가 창조 과정에 대한 '기억'을 유지하기 때문에, 이런 의미에서 두 입자는 서로 완전히 독립적이라고 할 수 없다. 펜로즈가 말했듯이 '양자 얽힘은 아주 이상한 것이다. 이것은 완전히 분리된 것도 아니고 서로 교신하고 있는 것도 아닌 그 중간쯤의 상태이다.' 또한 양자역학에서는, 일어날 수 있었지만 실제로는 일어나지 않은 일에 대해 알아내는 것도 가능하다. 그가 논의한 예들 중 가장 인상적인 것은 양자역학이 고전 물리학과 얼마나 다른지 보여주는 놀라운 '엘리추어 – 베이드만 폭탄 검사(Elitzur – Vaidman bomb testing)' 문제이다.

이런 비직관적인 특징은 양자물리학이 갖는 구조의 일부분이지만 여기에는 더 심오한 문제가 있다. 펜로즈의 집중적인 관심은 '양자 수준의 현상과 그것에 대한 거시적 관측을 관련 짓는 방식'에 쏠려 있다. 이것은 매우 큰 논란이 일어나는 부분이다. 현장의 물리학자들은 대개 양자역학의 규칙을 단지 대단히 정확한 답을 얻는 계산 도구로만 사용한다. 규칙을 올바르게 적용한다면, 우리는 옳은 답을 얻을 것이다. 그러나 여기에서, 단순하고 선형적인 양자 수준의 현상을 실제의 실험으로 번역하면서 뭔가 우아하지 못한 과정이 포함된다. 이 과정이 이른바 '파동 함수의 붕괴' 또는 '상태 벡터의 오그라듦'이다. 펜로즈는 통상적인 양자역학의 상에 물리학의 몇 가지 근본적인 조각들이 빠져 있다고 믿는다. 그는 자신이 '파동 함수의 객관적 오그라듦'이라고 부르는 것을 필수적으로 포함하는 완전히 새로운 이론이 필요하다고 주장한다. 이 새로운 이론은 해당되는 한계 안에서 통상적인 양자역학과 양자장론으로 환원되면서, 그 한계 밖에서는 새로운 물리적 현상들을 가져올 것으로 보인다. 양자 중력과 초기 우주의 물리학이라는 문제에 대한 해답은 그 안에 들어 있을 것이다.

3장에서 펜로즈는 수학, 물리학, 인간의 마음 사이에서 공통적인 것을 캐내려고 한다. 가장 엄밀하고 논리적인 과학인 '추상 수학'을, 아무리 정밀하고 메모리가 큰 디지털 컴퓨터로도 프로그램화할 수 없다는 사실은 참으로 놀라운 일이다. 이러한 컴퓨터는 수학자가 하는 방식으로 수학적인 정리들을 발견할 수 없다. 이 놀라운 결론은 '괴델의 정리'라고 불리는 것의 한 변형에 의해 유도된다. 펜로즈는 이것을 수학적 사고의 과정과, 거기에서 확장하여 모든 사고와 의식적 행위의 과정이 '비계산적(non-computational)' 방식으로 이루어지는 것을 의미한다고 해석한다. 우리는 직관적으로 의식과 인식의 거대한 다양성이 비계산적이라고 말하기 때문에, 이 해석은 매우 풍부한 단서가 된다. 이 결과가 그의 논증 전체에서 가지는 핵심적인 중요성 때문에, 그는 『마음의 그림자』의 거의 절반을 괴델 정리가 빈틈이 없다는 자신의 해석에 바쳤다.

펜로즈의 통찰은 양자역학과 의식의 문제가 여러 가지 방식으로 맞물려 있다는 것이다. 비국소성과 양자 결맞음은 원리적으로, 뇌의 넓은 영역이 결맞게 작동할 수 있다고 말한다. 그는 의식의 비계산적인 면모가, 파동 함수가 거시적 관측량에 연결되는 '비계산적인 객관적 오그라듦'과 관련있다고 믿는다. 그는 단순히 일반 원리를 말하는 것에 만족하지 않고, 이러한 새로운 물리적 과정을 유지할 수 있는 뇌 속의 구조물을 지목하는 시도로까지 나아간다.

이 개요는 이 책에 나오는 아이디어의 독창성과 풍부함, 그리고 이것을 펼쳐나가는 설명의 아름다움을 보여 주지 못한다. 논의가 진행되면서, 밑바닥을 흐르는 몇 가지 주제는 펜로즈의 사고 방향을 결정하는 중요한 역할을 한다. 아마 가장 중요한 것은 자연계의 근본적 과정들을 해석해 내는 놀라운 수학적 능력일 것이다. 펜로즈의 말에 따르면, 물리적 세계는 어떤 의미에서 수학적인 플라톤 세계(Platonic world)에서 나온다. 그러나 우리는 세계를 기술하기 위해 수학을 만들지 않으며, 수학에 맞추기 위해 실험이나 관찰을 하지도 않는다. 세계의 구조에 대한 이해는 넓은 일반 원리와 수학 자체에서 나올 것이다.

이 과감한 제안들이 논란의 주제가 되어 왔다는 것은 놀라운 일이 아니다. 토론자들은 서로 다른 지적 배경을 지닌 전문가들의 다양한 시각을 보여 준다. 애브너 시모니는 여러 가지 면에서 펜로즈와 의견을 같이한다. 그는 양자역학의 표준적 정식화가 불완전하다는 것에 대해 펜로즈와 같은 방식으로 동의하며, 양자역학의 개념이 마음의 이해에 중요하다는 데도 동의한다. 그러나 그는 펜로즈가 '엉뚱한 산을 오르려고 하는 등산가'라고 주장하면서, 같은 관심 영역을 보는 건설적인 대안을 제시한다. 낸시 카트라이트는 과연 물리학이 의식의 본질을 이해하기 위한 올바른 출발점인가 하는 근본적인 의문을 던진다. 낸시는 또한 서로 다른 과학 분야들을 결정하는 법칙들이 정확하게 서로를 도출할 수 있는가라는 날

카로운 질문도 제기한다. 세 토론자 중에서 가장 중요한 인물은 물론 펜로즈의 오랜 친구이자 동료인 스티븐 호킹이다. 많은 점에서 호킹은 '평균적인' 물리학자들의 표준적 위치라고 불릴 만한 곳에 가장 가까이 있다. 그는 펜로즈에게 파동 함수의 객관적 오그라듦에 관한 세부 이론을 개발하라고 요구한다. 그는 물리학이 의식의 문제에 발언권이 있다는 주장에 반대한다. 이것들 모두가 타당한 주장이지만, 펜로즈는 이 책의 마지막 장에서 다시 자신의 입장을 옹호한다.

이렇게 해서 펜로즈는 21세기에 수리물리학이 어떻게 발전해 갈 것인가에 관한 전망 또는 선언을 성공적으로 만들어 냈다. 1~3장에 걸쳐 그는 이야기의 각 부분이 어떻게 비계산성과 파동 함수의 객관적 오그라듦을 포용하는 완전히 새로운 물리학의 정합적인 상에 맞아 들어가는지 보여주는 연결된 서사를 구축했다. 이러한 개념들에 대한 검증은 이 새로운 유형의 물리 이론을 구현할 펜로즈와 다른 학자들의 능력에 달려 있다. 비록 이 일이 당장 성공하지 못한다고 해도, 이 개념들은 이론물리학과 수학의 발전에 풍성하게 기여할 일반 개념들의 본질적인 일부가 아닐까? 만일 그 대답이 '아니오'라면 진정 놀라운 일이다.

케임브리지 대학교 자연철학 교수
맬컴 롱에어(Malcolm Longair)

차 례

한국어 판에 부쳐 · 5
옮긴이의 말 · 10
머리말 · 13

1장 시공과 우주론 · 25
2장 양자물리학의 미스터리 · 77
3장 물리학과 정신 · 125
4장 심성, 양자역학, 그리고 잠재성의 현실화에 관하여 · 177
5장 왜 물리학인가? · 195
6장 낯 두꺼운 환원론자의 반론 · 205
7장 펜로즈의 답변 · 211

부록 1 굿스타인의 정리와 수학적 사고 · 227
부록 2 중력에 의한 상태의 오그라듦을 검증하는 실험 · 234
참고 문헌/주 · 242
찾아보기 · 249
저자들에 대하여 · 252
Picture Credits · 254

1장

시공과 우주론

이 책의 제목(원제)은 『큰 것, 작은 것 그리고 인간의 정신(*The Large, the Small and the Human Mind*)』이며, 1장의 주제는 큰 것이다. 1장과 2장에서는 우리가 사는 물리적 우주를 다룰 것이며, 나는 '그림 1.1'에서 우주를 간략하게 구(球)로 나타냈다. 나는 우주의 여기에 무엇이 있고 저기에 무엇이 있는지 자세히 말하는 식물학적 설명을 피하고, 세계가 어떻게 돌아가는지 결정하는 실제의 법칙을 이해하는 데 집중할 것이다. 물리 법칙에 관한 설명을 큰 것과 작은 것으로 두 장에 나눠서 하는 이유는, 우주의 대규모 움직임을 지배하는 법칙과 소규모 움직임을 지배하는 법칙이 아주 다르게 보이기 때문이다. 그 둘이 그렇게 다르다는 사실과, 이 외관상의 불일치에 대해 우리가 어떻게 해야 하는가(인간의 마음이 나오는 곳이 바로 여기이다)가 3장의 주제이다.

그림 1.1

　나는 물리적 세계를 그 움직임을 지배하는 물리 이론을 통해 설명할 것이므로, 다른 세계, 즉 절대적인 것들의 플라톤 세계에 대해서도 말할 것이며, 특히 수학적 진리의 세계로서 가지는 특별한 역할을 강조할 것이다. 사람들은 선(善)이나 미(美) 같은 절대적인 것들의 플라톤 세계를 잘 받아들이겠지만, 내가 여기에서 말하는 것은 수학적 의미의 플라톤 세계이다. 어떤 이들은 플라톤 세계가 독립적으로 존재한다는 사실을 쉽게 받아들이지 못한다. 그들은 수학적 개념을 단순히 물리적 세계의 이상화라고 생각하며, 이런 관점에서 수학적 세계는 물리적 대상들의 세계에서 나왔다고 볼 수 있다(그림 1.2).

Roger Penrose •

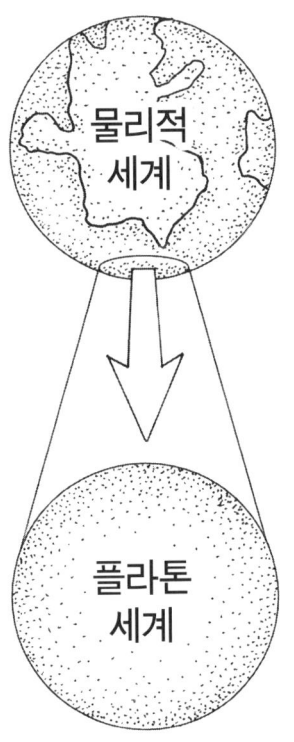

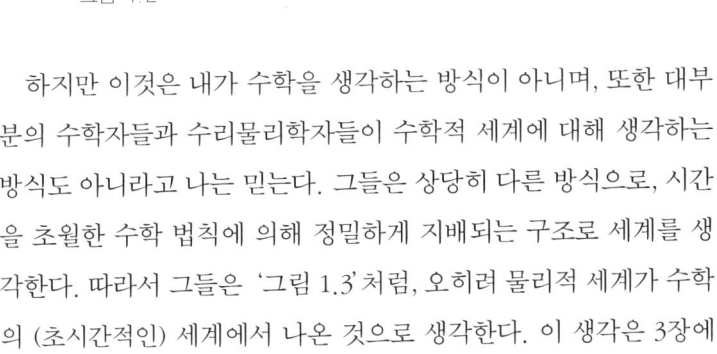

그림 1.2

    하지만 이것은 내가 수학을 생각하는 방식이 아니며, 또한 대부분의 수학자들과 수리물리학자들이 수학적 세계에 대해 생각하는 방식도 아니라고 나는 믿는다. 그들은 상당히 다른 방식으로, 시간을 초월한 수학 법칙에 의해 정밀하게 지배되는 구조로 세계를 생각한다. 따라서 그들은 '그림 1.3'처럼, 오히려 물리적 세계가 수학의 (초시간적인) 세계에서 나온 것으로 생각한다. 이 생각은 3장에

1장 ▪ 시공과 우주론 • **27**

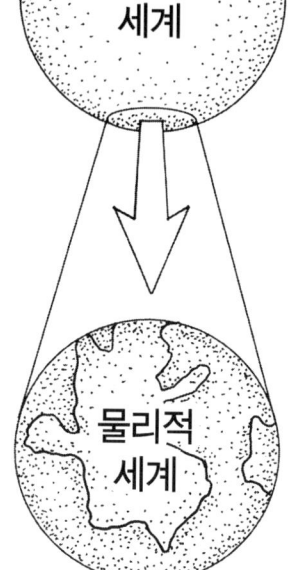

그림 1.3

서 말할 내용에 중요한 의미를 가지며, 1장과 2장에서 말할 대부분의 내용에도 그 밑바닥에는 같은 생각이 흐르고 있다.

세계에 대해 주목할 만한 것 한 가지는, 세계가 아주 놀라운 정확도로 수학에 기초한다는 사실이다. 물리적 세계에 대해 알면 알수록, 자연 법칙을 깊이 파고들면 들수록, 물리적 세계는 거의 증발해 버리고 단지 수학만 남는다. 물리 법칙을 깊이 이해하면 할수

— Roger Penrose •

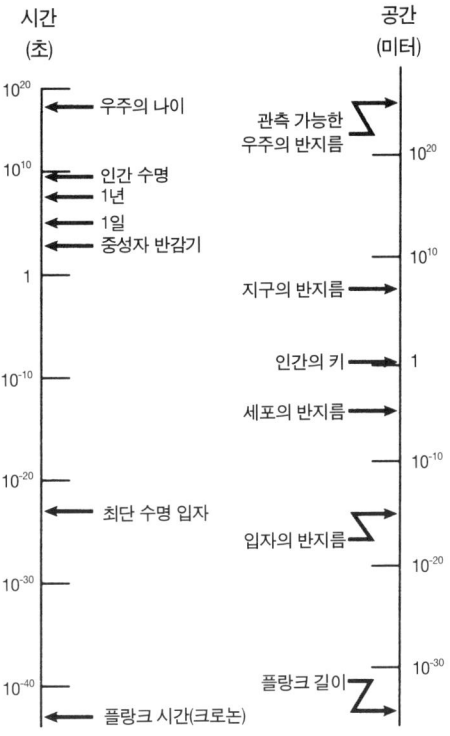

그림 1.4 우주에서의 시간과 거리의 규모

록, 우리는 수학과 수학적 개념의 세계로 점점 더 몰입하게 된다.

우주 속에 있는 대상들의 규모와, 그 속에서 우리의 위치에 대해 살펴보자. 모든 규모는 단 하나의 그림으로 요약할 수 있다(그림 1.4). 이 그림에서 왼쪽은 시간 척도이고, 오른쪽은 거기에 대응하는 거리 척도이다. 그림의 맨 아래 왼쪽에 나오는 것은, 물리적으로 의미 있는 가장 짧은 시간 단위이다. 이 시간 단위는 약 10^{-43}초*

1장 ▪ 시공과 우주론 • **29**

이고, '플랑크 시간' 또는 '크로논(chronon)'이라 부른다. 이 시간 단위는 입자물리학에서 일어날 수 있는 어떤 사건보다도 훨씬 짧다. 예를 들어 입자물리학에서 수명이 가장 짧은 공명입자(resonance)**도 10^{-23}초 동안이나(!) 존재한다. 그림 왼쪽에서 조금 더 올라가면 1일과 1년이 있고, 꼭대기에는 우주의 현재 나이가 나온다.

그림의 오른쪽에는 시간 척도에 대응하는 거리가 나온다. 플랑크 시간(크로논)에 대응하는 것은 길이의 기본 단위로, '플랑크 길이'라고 불린다. 플랑크 시간과 플랑크 길이는 큰 것과 작은 것을 기술하는 물리 이론을 합치려고 할 때, 다시 말해 매우 큰 것의 물리학을 기술하는 아인슈타인의 일반 상대성 이론과 매우 작은 것의 물리학을 기술하는 양자역학을 결합할 때 자연스럽게 나타난다. 이 두 이론을 함께 놓으면 플랑크 시간과 플랑크 길이가 기본 개념이 된다. 그림의 왼쪽과 오른쪽은 광속으로 연결되어 있어서, 왼쪽의 시간 동안에 빛이 얼마나 달리는지 알면 시간을 거리로 바꿀 수 있다.

그림에 나온 물리적 대상의 크기는 입자들의 전형적인 크기인 10^{-15}미터부터 관측 가능한 우주의 반지름에 해당하는 10^{27}미터까지인데, 이 크기는 대략 우주의 나이에 빛의 속도를 곱한 것과 같

---

* 이것은 물리학의 기본 상수인 만유인력 상수, 빛의 속도, 플랑크 상수 등으로 결정되는, 현재의 물리학에서 접근할 수 있는 최단 시간이다. —— 옮긴이

** 빛이 강입자(hadron)들을 지나가는 극히 짧은 순간에 공명이 일어나서 생기는 입자로서 수명이 아주 짧다. —— 옮긴이

다. 이 그림 속에서 '우리'가 어디쯤 있는지, 즉 인간의 규모는 어느 정도인지 아는 것은 흥미로운 일이다. 공간적 크기로 볼 때 우리는 그림의 가운데쯤에 있다. 플랑크 길이와 비교하면 우리는 엄청나게 크다. 입자의 크기와 비교해도 우리는 매우 크다. 하지만 관측 가능한 우주의 크기에 비해 우리는 엄청나게 작다. 사실 입자와 인간의 차이보다 인간과 우주의 차이가 훨씬 크다. 반면에 시간적 길이로 볼 때에는, 인간의 수명은 거의 우주의 나이만큼이나 길다! 사람들은 존재의 덧없음에 대해 말한다. 하지만 그림에 나타난 인간의 수명을 보면, 우리는 전혀 덧없는 존재가 아니라고 할 수 있다. 우리는 거의 우주 자체만큼이나 오래 산다! 물론 이것은 '로그 척도'로 본 것이지만, 이렇게 어마어마한 범위를 다룰 때는 이것이 자연스러운 방법이다. 다르게 말하면, 우주의 나이에 해당하는 인간 수명의 개수는 인간 수명에 해당하는 플랑크 시간 또는 심지어 최단 수명 입자들의 수명 개수보다 엄청나게 적다. 따라서 인간은 우주 속에서도 아주 안정된 구조에 속한다. 공간적 크기로 볼 때 우리는 거의 중간에 있으므로, 매우 큰 것이나 매우 작은 것의 물리학을 직접 경험하지 못한다. 우리는 정말로 아주 중간에 있다. 사실 로그 척도로 볼 때, 단세포부터 나무나 고래에 이르는 모든 생명체가 대략 중간에 있다.

　이렇게 서로 다른 규모에 대해 어떤 종류의 물리학이 적용될까? 내가 그린, 물리학 전체를 요약하는 도표를 보자(그림 1.5). 물론 나는 세부적인 것을 조금 생략할 수밖에 없었는데, 그래서 방정식들은 모두 생략했다! 하지만 물리학자들이 사용하는 본질적인 기초

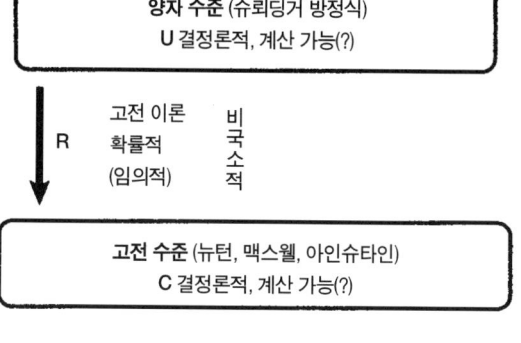

그림 1.5

이론들은 생략하지 않았다.

여기에서 핵심은, 우리가 서로 크게 다른 두 가지 물리학을 사용한다는 것이다. 작은 규모의 움직임을 서술할 때는 양자역학을 사용한다. 이것은 '그림 1.5'에서 양자 수준에 나와 있는 것으로, 2장에서 자세히 설명할 것이다. 사람들이 양자역학에 대해 말하는 것 중 한 가지는, 양자역학이 불분명하고 비결정론적이라는 것이다. 그러나 이것은 옳지 않다. 양자 수준을 떠나지 않는 한, 양자론은 결정론적(決定論的, 보통은 고전 물리학에서 초기 조건에 의해 모든 물리적 현상이 결정되이 미래를 예측할 수 있음을 말할 때 사용한다 ——옮긴이)이고 정확하다. 양자역학에서는 가장 친숙한 형태로 '슈뢰딩거 방정식'을 사용하는데, 양자계의 물리적 상태(**양자 상태**라고 부른다)의 움직임을 지배하는 이 방정식은 결정론적인 방정식이다. 그림에서는 **U** 자로 양자 수준의 활동을 나타냈다. 양자역학에서 비결정성은 이른바 '측정을 할 때' 일어나는 것으로, 측정에는 양자 수준의 사건을 고전 수준으로 확대하는 과정이 들어간다. 2장에서 여기에 대해 집중적으로 살펴볼 것이다.

큰 규모에서 우리는 고전 물리학을 사용하는데, 이것은 완전히 결정론적이다. 고전 물리학의 법칙에는 뉴턴 운동 법칙, 전기·자기·빛을 통합한 전자기장의 맥스웰 법칙, 빠른 속도를 다루는 아인슈타인의 특수 상대성 이론과 큰 중력장을 다루는 일반 상대성 이론이 포함된다. 이러한 법칙들은 큰 규모에서 아주 정밀하게 잘 맞는다.

'그림 1.5'에서 나는 양자물리학과 고전 물리학에 '계산 가능'이라고 적어 넣었다. 이것은 1장과 2장에는 관계가 없고 3장에서는 매우 중요하므로, 거기에서 계산 가능성 문제를 다시 언급하겠다.

이 장에서는 앞으로 아인슈타인의 상대성 이론을 주로 다룰 것인데, 특히 이 이론이 어떻게 작용하는지 그리고 이 이론이 극도로 정확하다는 것과 물리학 이론으로서 대단히 아름답다는 것에 주목하겠다. 그러나 먼저 뉴턴 이론을 살펴보자. 뉴턴 물리학도 상대성 이론처럼 시공간을 서술한다. 시공간은 카르탕(E. Cartan)에 의해 처음으로 뉴턴 중력에 대해 정식화되었으며, 그 뒤에 아인슈타인이 일반 상대성 이론을 내놓았다. 갈릴레오와 뉴턴의 물리학은 대역적(global) 시간 좌표('그림 1.6'에 위로 올라가는 것으로 표시되어 있다)를 가진 시공간에서 표현된다. 그리고 각각의 순간마다 3차원 유클리드 공간이 하나씩 할당되는데, 그림에서는 수평면으로 나타난다. 뉴턴의 시공간에서 본질적인 특성은, 그림을 수평으로 가로지르는 이 '공간 박편'에 속하면 모두 동시라는 것이다.

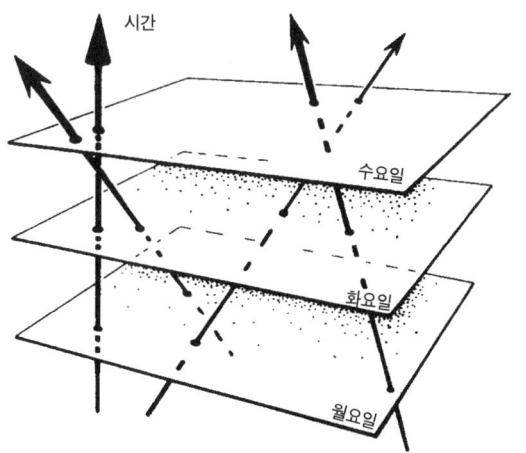

그림 1.6 갈릴레오의 시공간. 균일한 운동을 하는 입자는 직선으로 그려져 있다.

따라서 월요일 정오에 일어나는 모든 일은 시공간 도형 속의 한수평 박편 위에 놓이고, 화요일 정오에 일어나는 모든 일은 다음의수평 박편 위에 놓이며, 이렇게 계속된다. 시간은 시공간 도형을 뚫고 지나가며, 시간이 지나가는 각각의 순간마다 유클리드 공간박편이 하나씩 계속 뒤따른다. 모든 관측자들은 시공간 속에서 어떻게 이동하든지 시간 경과를 측정하기 위해 모두 같은 시간 박편을 사용하기 때문에, 사건이 발생하는 시각에 관해서는 모두 같다고 동의한다.

아인슈타인의 특수 상대성 이론에서는 다른 그림을 받아들여야한다. 여기에서도 물론 시공간은 절대적으로 본질적이다. 핵심적인 차이는 시간이 뉴턴의 이론에서처럼 보편적이지 않다는 것이

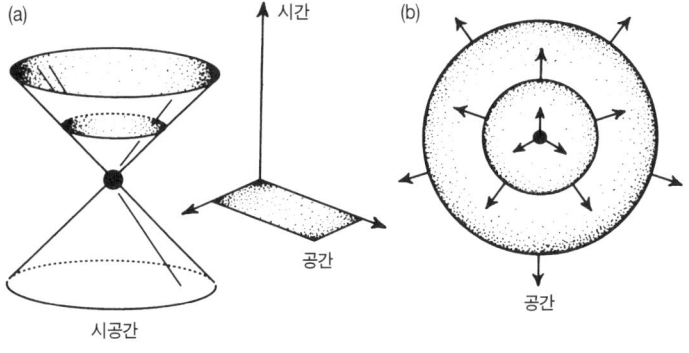

그림 1.7 빛이 퍼져 나가는 모습. (a) 시공간 표현. (b) 공간 표현.

다. 두 이론이 어떻게 다른지 제대로 알기 위해서는 상대성 이론의 본질적인 부분인 **빛원뿔** 구조를 이해해야 한다.

빛원뿔이란 무엇인가? '그림 1.7'에 빛원뿔이 그려져 있다. 어느 순간에 어떤 장소에서 섬광이 번쩍인다고 하자. 다시 말해 섬광이 번쩍이는 **사건**이 시공간 속에서 일어나고, 이 사건(즉 섬광의 광원) 으로부터 빛이 광속으로 퍼져 나간다고 하자. 순전히 공간만 그린 그림(그림 1.7(b))에서는 퍼져 나가는 빛의 경로를 광속도로 확장하는 구(球)로 나타낼 수 있다. 이제 우리는 이러한 빛의 움직임을 시공간 도형(그림 1.7(a))으로 옮길 수 있다. 이 도형에서는 '그림 1.6'의 뉴턴 경우처럼 시간은 수직으로 진행하고 공간은 수평 방향 의 평면에 해당한다. 불행히도 우리는 3차원 이상의 도형을 그릴 수 없기 때문에, 전체 시공간 도형(그림 1.7(a))에서는 공간을 2차원 으로 나타낼 수밖에 없다. 이제 섬광은 원점에서 한 점(사건)으로 표현되고, 거기에서 나오는 광선의 경로는 수평의 '공간' 평면을

1장 ▪ 시공과 우주론 • 35

원으로 자르고, 그 원의 반지름은 그림 위를 향하여 빛의 속도로 증가하게 된다. 이렇게 해서 광선의 경로는 시공간 도형에서 원뿔 모양이 된다. 이 원뿔(빛원뿔)은 섬광의 역사를 나타낸다. 빛은 원점에서 나와서 빛원뿔을 따라, 다시 말해 빛의 속도로, 미래로 달려간다. 광선은 빛원뿔을 따라 과거에서 원점으로 올 수도 있다. 빛원뿔의 이 부분을 과거 빛원뿔이라 하며, 광선에 의해 관측자에게 전달된 모든 정보는 이 원뿔을 따라 원점에 도달한 것이다.

빛원뿔은 시공간의 가장 중요한 구조를 나타낸다. 특히, 이것은 인과적 영향의 한계를 나타낸다. 시공간에서 한 입자의 역사는 시공간 도형에서 위로 올라가는 선으로 나타나며, 이 선은 빛원뿔 안에 있어야 한다(그림 1.8). 이것은 질량을 가진 입자는 빛보다 빠르게 움직일 수 없다는 말을 달리 표현한 것이다. 어떤 신호든 미래 빛원뿔 안에서 밖으로 나갈 수 없으며, 따라서 빛원뿔은 실제로 인과율의 한계선이 된다.

빛원뿔은 몇 가지 놀라운 기하학적인 성질을 가진다. 서로 다른 속도로 시공간을 움직이는 두 관측자를 생각하자. 동시성을 나타내는 평면(여기에서 면은 3차원 공간을 의미한다 —— 옮긴이)이 모든 관측자에게 똑같다는 뉴턴의 이론과 달리, 상대성 이론에서는 절대적인 동시성이 없다. '그림 1.9'에 나타난 것처럼 서로 다른 속도로 움직이는 관측자들은 서로 다르게 시공간을 잘라서 그 단면을 자신의 동시성 평면으로 가진다. 그리고 한 평면에서 다른 평면으로 변환하는 정확한 방법을 **로렌츠 변환**이라고 하며, 이 변환은 **로렌츠 군**(群, 군이란 규칙성이 있는 원소들의 집합이 갖는 성질을 규

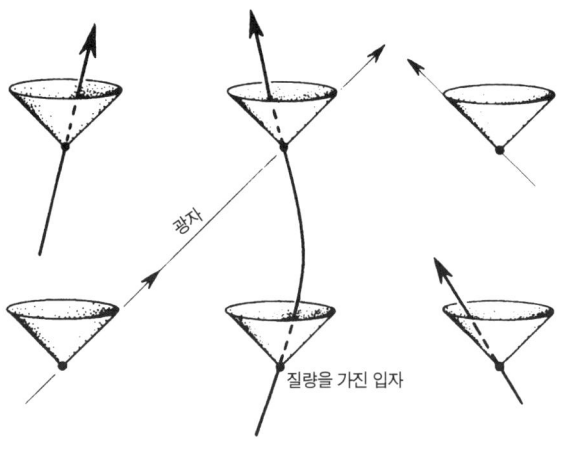

그림 1.8 민코프스키 시공간 혹은 민코프스키 기하라고 알려진 특수 상대성 이론의 시공간에서 입자의 운동을 그린 그림. 시공간의 여러 위치에 빛원뿔들이 가지런히 서 있고, 입자들은 자신의 미래 빛원뿔 안에서만 여행할 수 있다.

정한 것이다 ── 옮긴이)을 구성한다. 로렌츠 군의 발견은 아인슈타인의 특수 상대성 이론 발견에 꼭 필요한 것이었다. 로렌츠 군은 빛원뿔을 불변(invariant)으로 남겨 두는 (선형) 시공간 변환군(따로 변환하여 합치거나 먼저 합친 다음 변환해도 같으면 선형 변환이라고 한다 ── 옮긴이)으로 이해할 수 있다.

로렌츠 군은 약간 다른 관점에서 볼 수도 있다. 내가 강조한 것처럼, 빛원뿔은 시공간의 근본적인 구조이다. 당신이 공간의 어딘가에 있는 관측자가 되어 우주를 바라본다고 하자. 당신이 보는 것은 별에서 눈으로 오는 광선이다. 시공간의 관점에 따르면, 당신이 관측한 사건은 '그림 1.10(a)'에 그려진 것처럼 별의 세계선(시공간

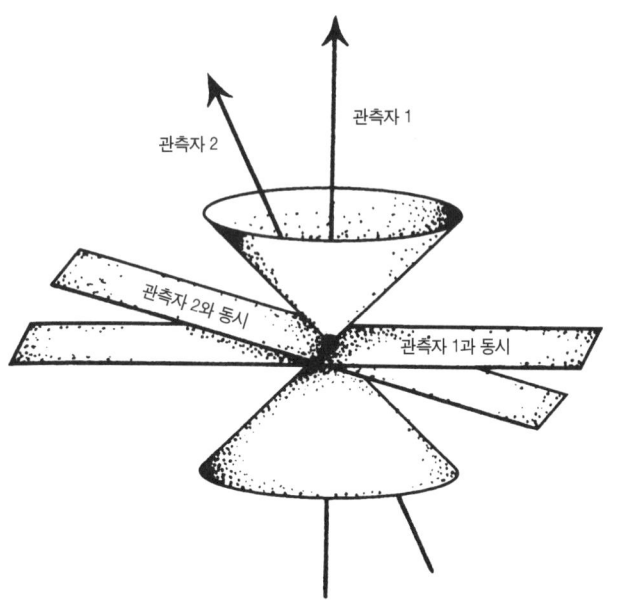

그림 1.9 아인슈타인의 특수 상대성 이론에서는 동시성이 관측자에 따라 달라진다. 관측자 1과 2가 시공간에서 상대적으로 움직이면, 관측자 1에게 동시에 일어나는 두 사건은 관측자 2에게는 동시에 일어나지 않으며, 반대도 마찬가지이다.

에서 움직인 궤적을 말한다 —— 옮긴이)과, 당신의 과거 빛원뿔 간의 교차점이다. 당신은 과거 빛원뿔에 따라 그 특정한 점에 있는 별의 위치를 관측한다. 이 점들은 당신을 둘러싼 천구상에 있는 것으로 볼 수 있다. 이제 다른 관측자가 당신에 대해 매우 빠른 속도로 달리면서 당신 옆을 지나가다가 같은 순간에 함께 하늘을 본다고 하자. 두 번째 관측자도 당신이 보는 것과 똑같은 별들을 보지만, 천구에서 보는 별들의 위치는 다르다(그림 1.10(b)). 이것을 **광**

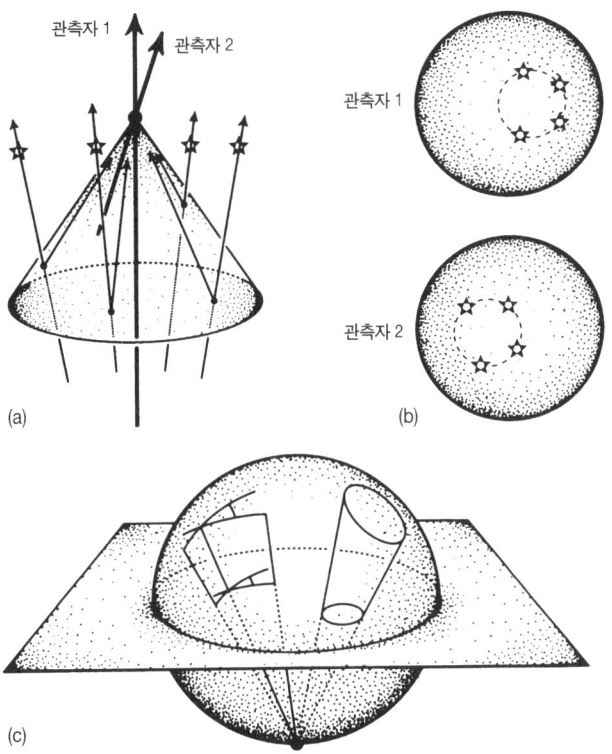

(a)

(b)

(c)

그림 1.10 관측자 1과 2가 하늘을 관찰한 그림. (a) 관측자 1과 2는 과거 빛원뿔을 따라 별들을 관찰한다. 별들이 빛원뿔과 교차하는 곳은 검은 점으로 표시했다. 별빛이 그림에 있는 것처럼 빛원뿔을 따라 별에서 관측자로 전달된다. 관측자 2는 관측자 1에 대해 다른 어떤 속도로 시공간을 움직인다. (b) 관측자 1과 2가 시공간의 같은 점에서 만날 때 두 관측자가 보는 하늘의 모습. (c) 한 관측자가 보는 모습을 다른 관측자가 보는 것으로 변환할 때는 극사영을 사용한다. 이 변환은 원을 원으로 보내되, 각도는 변화시키지 않는다.

1장 ▪ 시공과 우주론 ▪ 39

행차(달리면서 비를 맞으면 바람이 없어도 비가 앞쪽에서 오는 것처럼 느껴지는 것과 같이, 별을 관측할 때 별에서 오는 빛이 본래의 위치에서 오지 않고 지구 공전 방향으로 기울어져 오는 것처럼 보이는 현상 ──옮긴이) 효과라 한다. 이렇게 한 관측자가 보는 천구의 모습을 다른 관측자가 보는 모습으로 바꿔 주는 변환이 있다. 이 변환은 구(球)를 다른 구로 바꾼다. 그러나 이것은 아주 특별한 종류의 변환이다. 이것은 원을 원으로 바꾸되, 각도에는 영향을 주지 않는다. 따라서 당신이 보는 하늘의 별자리가 원으로 보인다면, 다른 관측자에게도 원으로 보여야 한다.

이것을 이해할 수 있는 멋진 방법이 있는데, 물리학의 밑바탕에는 특별히 아름다운 수학이 있음을 보이기 위해 나는 이것을 설명할 것이다. '그림 1.10(c)'에는 구가 있고 이 구의 적도를 한 평면이 지나간다. 구의 표면 위에 어떤 모양을 그리고, 이것을 그림처럼 남극에서 적도 평면으로 투영하면 어떤 모양이 되는지 조사할 수 있다. 이러한 투영을 '극사영'이라 하는데, 이것은 상당히 이상한 성질을 가지고 있다. 구 위의 원은 평면 위에서 정확하게 원이 되고, 구 위의 곡선 사이의 각도는 평면 위에 정확히 같은 각도로 투영된다. 2장('그림 2.4' 참조)에서 더 완전하게 논의하겠지만, 이러한 투영은 구의 점들을 복소수(−1의 제곱근을 포함하는 수)로 나타낼 수 있게 하고, 이 수는 적도 평면의 점들을 나타내는 데도 사용될 수 있으며, 둘 다 '무한대'를 포함할 수 있어서 '리만 구(球)'라는 구조를 이룬다. 관심이 있는 독자들을 위해 광행차 변환을 소개하면 다음과 같다.

$$u \to u' = \frac{\alpha u + \beta}{\gamma u + \delta}$$

수학자들에게 잘 알려져 있는 이 변환은 원을 원으로 보내면서 각도를 보존한다. 이런 종류의 변환을 '뫼비우스 변환'이라고 한다. 지금 우리의 목적을 위해서는 로렌츠(광행차) 공식을 복소 변수 u로 쓰면 단순하고 우아한 형태가 된다는 것만 알면 된다.

이 변환의 놀라운 점은, 특수 상대성 이론에서는 이 공식이 매우 단순하다는 것이다. 반면 뉴턴 역학에서 똑같은 광행차 변환을 표현하면, 공식이 훨씬 더 복잡해진다. 근본을 향해 점점 더 내려가서 더 정확한 이론을 만들면, 처음에는 그 형식이 더 복잡해 보여도 수학은 더 간단해지는 경우가 자주 생긴다. 갈릴레오의 상대성 이론과 아인슈타인의 상대성 이론의 차이는 이 중요한 점을 잘 보여준다.

따라서 특수 상대성 이론에서는 그러한 이론이 뉴턴 역학에서보다 여러모로 간단해진다. 수학의 관점에서, 특히 군론(群論)의 관점에서 특수 상대성 이론은 훨씬 더 멋진 구조이다. 특수 상대성 이론에서 시공간은 평평하고, 모든 빛원뿔은 '그림 1.8'처럼 위를 향해 가지런히 정렬한다. 여기에서 한걸음 더 나아가 아인슈타인의 일반 상대성 이론, 즉 중력을 고려한 시공간의 이론으로 가면, 빛원뿔이 모든 방향으로 흩어져서 처음 보기에는 더 혼란스러워진다(그림 1.11). 나는 방금, 점점 더 깊은 이론으로 가면 수학이 단순해진다고 말했다. 그러나 여기에 일어난 일을 보면, 우아한 수학이 무시무시하게 복잡해져 버렸다. 하지만 이런 일은 일어나기 마련

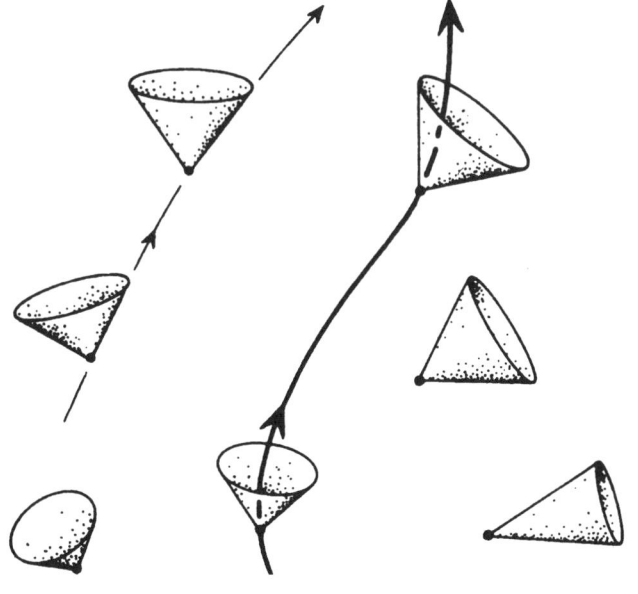

그림 1.11 굽은 시공간.

이다. 단순성이 다시 나타날 때까지 독자들은 당분간 참아야 할 것이다.

아인슈타인의 중력 이론을 이루는 근본적인 성분을 생각해 보자. 그것의 한 가지 기본 성분은 갈릴레오의 등가 원리이다. '그림 1.12(a)'의 갈릴레오는 피사의 사탑 꼭대기에서 큰 돌과 작은 돌을 떨어뜨린다. 그가 실제로 이 실험을 했건 안 했건 간에, 공기 저항이 없다면 두 돌이 동시에 땅바닥에 떨어진다는 것을 그는 확실히 이해했다. 당신이 우연히 이 돌들 중의 하나에 앉아서 함께 떨어지는 다른 돌을 본다면, 당신은 눈앞에 돌이 떠 있는 것을 볼 것이다

Roger Penrose •

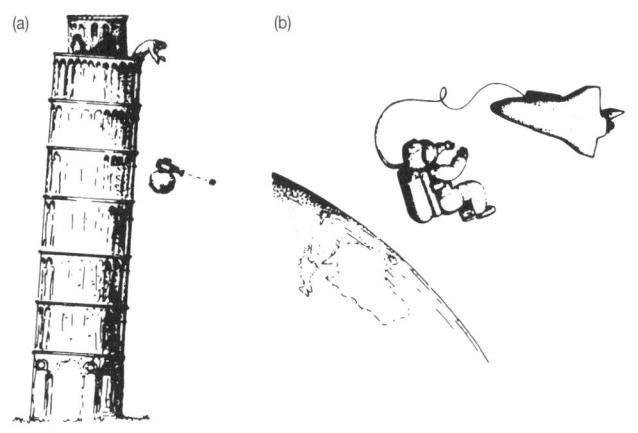

그림 1.12 (a) 피사의 사탑에서 두 개의 돌을 (캠코더와 함께) 떨어뜨리는 갈릴레오. (b) 우주인은 자기 앞의 우주선이 중력의 영향을 전혀 받지 않는 것처럼 떠 있는 것을 본다.

(그림에서는 돌 위에 캠코더를 달아 이것을 관측하게 했다). 오늘날의 우주 여행에서 이것은 아주 친숙한 현상이다. 최근에 우리는 영국 출신의 우주인이 우주 공간을 걸어 다닐 때, 큰 돌과 작은 돌처럼 우주선이 그 우주인 앞에 정지한 채 떠 있는 것을 보았다. 이것은 갈릴레오의 등가 원리와 정확히 똑같은 현상이다.

따라서 당신이 (올바른 방법으로) 낙하하는 좌표계에서 중력을 본다면, 당신의 눈앞에서 중력이 사라진 것처럼 보인다. 이것은 실제로 옳다. 그러나 아인슈타인의 이론은 결코 중력이 사라진다고 말하지 않는다. 중력이 주는 **힘**이 사라진다고 말할 뿐이다. 거기에는 무엇인가 남는 것이 있으며, 그것은 중력의 조수력(潮水力) 효과이다.

이것에 대해 알아보기 위해서는 수학을 조금 이용해야 하는데,

1장 시공과 우주론 • **43**

그렇다고 많이 쓰지는 않겠다. 우리는 시공간의 곡률에 대해 말해야 하며, 이것은 **텐서**(tensor)로 나타낼 수 있다. 나는 다음 방정식에서 이것을 **리만**(Riemann)이라고 부르겠다. 이것은 실제로 리만 곡률 텐서지만, 이것이 무엇인지 설명하지 않을 것이며, 다만 대문자 R 아래에 첨자(여기에서는 점으로만 표시한다)를 붙여서 나타낸다는 것만 말해 두자. 리만 곡률 텐서는 두 부분으로 이루어진다. 하나는 **바일**(Weyl) 곡률이라고 부르고 다른 하나는 **리치**(Ricci) 곡률이라고 부르는데, 다음과 같은 (도식적인) 방정식을 이룬다.

$$\text{Riemann} = \text{Weyl} + \text{Ricci}$$
$$R.... = C.... + R..g..$$

여기에서 $C....$는 바일 곡률 텐서, $R..$은 리치 곡률 텐서, $g..$는 계량 텐서라고 한다.

바일 곡률은 실제로 조수력 효과의 척도이다. '조수력' 효과란 무엇인가? 우주인의 관점에서 보면 중력이 사라진 것처럼 보이지만, 실제로는 그렇지 않다는 것을 상기하자. 우주인 주위에 입자들이 공 모양으로 둘러싸고 있고, 이 입자의 구가 우주인에 대해 정지해 있다고 하자. 처음에는 구가 그 자리에 떠 있겠지만, 중력에 의해 지구가 당기는 힘이 각 점마다 다르게 작용하므로 곧 구가 가속된다. (지금 나는 뉴턴 역학의 언어로 설명하고 있다는 것을 상기하라. 그래도 이것은 꽤 잘 맞는다.) 이 작은 차이 때문에 원래의 입자 구가 '그림 1.13(a)'처럼 타원형으로 왜곡된다.

44

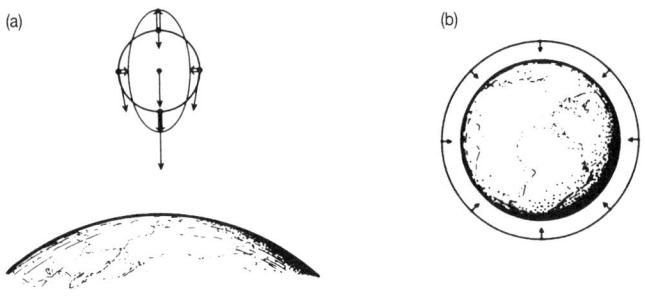

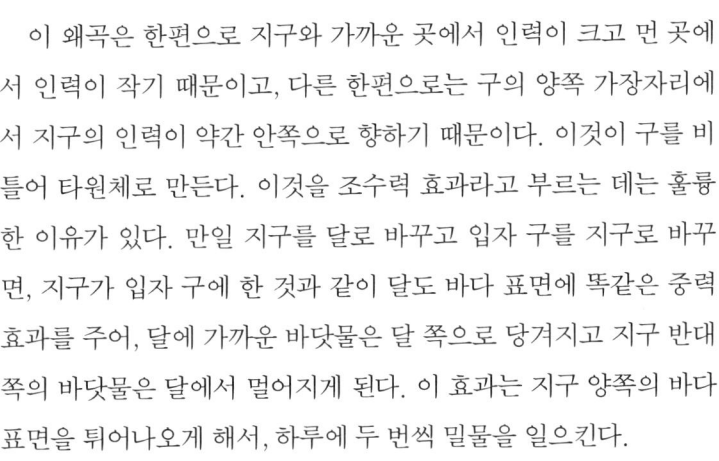

그림 1.13 (a) 조수력 효과. 이중 화살표는 상대 가속도를 나타낸다. (b) 구가 물질들로 둘러싸여 있을 때(여기에서는 지구 위) 전체 가속도는 안쪽을 향한다.

이 왜곡은 한편으로 지구와 가까운 곳에서 인력이 크고 먼 곳에서 인력이 작기 때문이고, 다른 한편으로는 구의 양쪽 가장자리에서 지구의 인력이 약간 안쪽으로 향하기 때문이다. 이것이 구를 비틀어 타원체로 만든다. 이것을 조수력 효과라고 부르는 데는 훌륭한 이유가 있다. 만일 지구를 달로 바꾸고 입자 구를 지구로 바꾸면, 지구가 입자 구에 한 것과 같이 달도 바다 표면에 똑같은 중력 효과를 주어, 달에 가까운 바닷물은 달 쪽으로 당겨지고 지구 반대쪽의 바닷물은 달에서 멀어지게 된다. 이 효과는 지구 양쪽의 바다 표면을 튀어나오게 해서, 하루에 두 번씩 밀물을 일으킨다.

아인슈타인의 관점에서 보면, 중력의 효과란 단순히 이 조수력 효과이다. 이것은 본질적으로 바일 곡률, 즉 리만 곡률에서 **C....**라고 표시되는 부분에 의해 정의된다. 곡률 텐서에서 이 부분은 부피를 보존한다. 다시 말해 입자 구들의 가속도를 가지고 계산하면 왜곡된 타원체의 부피는 구의 원래 부피와 같다.

1장 시공과 우주론 • **45**

곡률의 나머지 부분은 **리치** 곡률로, 이것은 부피가 줄어드는 효과를 가진다. '그림 1.13(b)' 처럼 지구가 입자 구 속에 있다면 입자들이 안으로 가속되기 때문에 입자 구의 부피가 줄어들 것이다. 이 부피가 줄어드는 양이 리치 곡률의 크기이다. 아인슈타인의 이론에 따르면, 리치 곡률은 공간에 있는 그 점 주위의 작은 구 안에 있는 물질의 양으로 결정된다. 즉 물질의 밀도가 공간의 그 점에 있는 입자가 안쪽으로 얼마나 가속되는지 알려준다는 것이다. 아인슈타인의 이론은 이러한 방식으로 표현될 때 뉴턴의 것과 거의 같다.

이것이 아인슈타인의 중력 이론이다. 이 이론은 조수력 효과로 표현되고, 조수력 효과는 결국 국소적인 시공간 곡률의 크기이다. 결정적으로 중요한 점은, 여기에 나오는 곡률이 4차원 시공 곡률이라는 것이다. 이것은 '그림 1.11' 에 도식적으로 나와 있다. 여기에서 선은 입자의 세계선을 나타내고, 세계선의 경로는 시공간의 곡률에 의해 휜다. 따라서 아인슈타인의 이론은 본질적으로 4차원 시공간의 기하학적 이론이고, 수학적으로 대단히 아름다운 이론이다.

아인슈타인이 일반 상대성 이론을 발견한 역사에는 중요한 교훈이 들어 있다. 이 이론은 1915년에 완전한 모습을 갖추었다. 이 이론이 나오게 된 동기는 관측이 아니라 심미적, 기하학적, 물리적 요구에 의한 것이었다. 그 핵심적인 성분은 질량이 다른 돌들을 떨어뜨려 보여준(그림 1.12) 갈릴레오의 등가 원리와, 시공간 곡률을 기술하는 자연 언어인 비(非)유클리드 기하학이었다. 1915년에는 관측 쪽에서 말할 만한 것이 없었다. 일반 상대성 이론이 일단 완성되자, 이것을 세 가지 관측으로 검증할 수 있음을 알게 되었다. 수

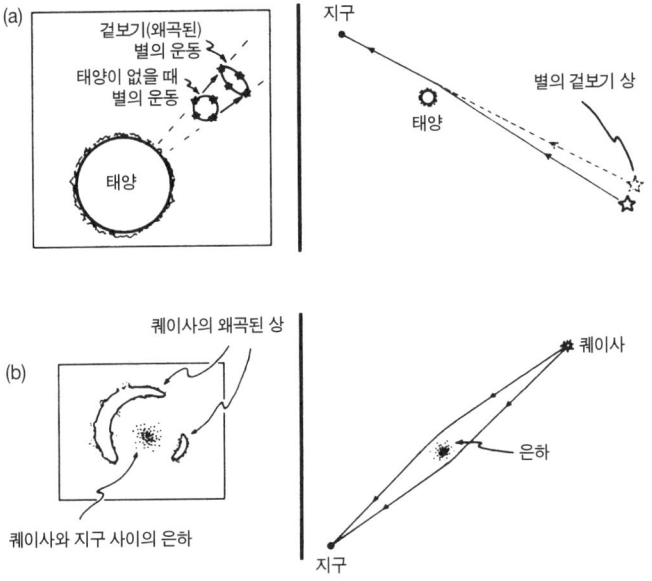

그림 1.14 (a) 일반 상대성 이론에 따라 직접 관측한, 중력이 빛에 미치는 효과. 바일 시공 곡률은 멀리 떨어진 별의 상을 왜곡함으로써 스스로를 드러내는데, 여기에서는 태양의 중력장에 의해 빛이 휘고, 따라서 원 모양의 별자리가 타원으로 왜곡된다. (b) 빛이 휘는 효과는 현재 관측천문학의 중요한 도구이다. 멀리 떨어진 퀘이사의 상이 왜곡되는 정도를 보고 퀘이사와 지구 사이에 있는 은하의 질량을 추정할 수 있다.

성 궤도의 근일점이 앞당겨지거나 왔다갔다하는 것은 다른 행성들에 의한 뉴턴 식 중력의 영향으로 설명할 수 없었으나, 일반 상대성 이론의 예측은 관측과 정확하게 일치했다. 또 이 이론에 따르면 광선의 경로가 태양에 의해 휘어야 하는데, 이것을 관측하기 위해서 에딩턴은 1919년에 유명한 일식 원정대를 이끌었고, 그 결과는 아인슈타인의 예측(그림 1.14(a))과 일치했다. 세 번째는 중력

1장 ▪ 시공과 우주론 ▪ **47**

퍼텐셜에서 시계가 천천히 간다는 것, 즉 지상에 있는 시계는 탑 꼭대기의 시계보다 천천히 간다는 예측이었다. 이 효과 역시 실험으로 측정되었다. 그러나 이것은 그리 인상적인 검증은 아니었다. 이 효과들은 항상 아주 작아서, 다른 다양한 이론으로도 같은 결과를 설명할 수 있다.

상황은 현재 극적으로 바뀌었다. 1993년에 러셀 헐스(Russel Hulse)와 조지프 테일러(Joseph Taylor)는 아주 특별한 몇 가지 관측으로 노벨상을 수상했다. '그림 1.15(a)'에 나오는 것은 PSR 1913+16이라고 알려진 쌍성 펄서(일정 주기의 전파를 내는 별 —— 옮긴이)인데, 이것은 중성자별(별이 연료를 소모하고 죽게 되면 질량에 따라 백색왜성, 중성자별, 블랙홀이 되는데, 중성자별은 중간 질량의 경우에 해당하고 중성자로만 이루어져 있다 —— 옮긴이) 한 쌍으로 이루어져 있으며, 각각의 질량은 태양과 비슷하지만 지름이 수 킬로미터에 불과한 엄청나게 밀도가 높은 빽빽한 별이다. 이 중성자별들은 매우 긴 타원 궤도로 공통 중력 중심 주위를 돌고 있다. 그들 중 하나에는 아주 강한 자기장이 있어서 입자들이 그 주위를 돌면서 강한 복사(輻射)를 방출하는데, 이것이 3만 광년 떨어

그림 1.15 (a) 쌍성 펄서 PSR 1913+16. 중성자별 중 하나는 라디오파 펄서이다. 라디오파는 중성자별의 회전축과 기울어진 자기쌍극자의 극을 따라 방출된다. 좁은 복사 빔이 관측자의 시선 방향을 쓸고 지나갈 때 예리한 펄스가 관측된다. 펄스의 정확한 도착 시간과 아인슈타인의 일반 상대성 이론에서만 나타나는 효과를 사용해서 두 중성자별의 성질을 알아낸다. (b) 쌍성 펄서 PSR 1913+16에서 오는 펄스 도착 시각의 위상 변화. 실선은 쌍둥이 중성자별이 중력파를 방출할 때 생기는 위상 변화를 이론적으로 계산한 값이다.

Roger Penrose •

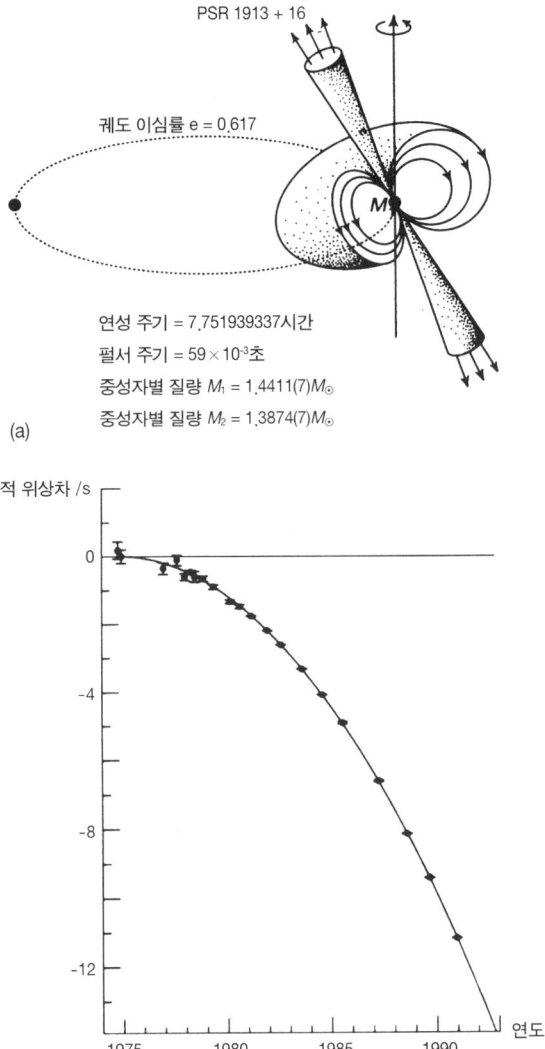

쌍성 펄서
PSR 1913 + 16

궤도 이심률 e = 0.617

M

연성 주기 = 7.751939337시간
펄서 주기 = 59 × 10⁻³초
중성자별 질량 M_1 = 1.4411(7)$M_\odot$
중성자별 질량 M_2 = 1.3874(7)$M_\odot$

(a)

누적 위상차 /s

0

-4

-8

-12

1975   1980   1985   1990   연도

(b)

1장 ▪ 시공과 우주론 • 49

진 지구까지 도달해서 일련의 선명한 펄스로 관측된다. 온갖 종류의 고정밀 관측으로 이 펄스들의 도착 시간이 측정되었다. 이 결과로부터 두 중성자별의 궤도가 갖는 모든 성질들과, 일반 상대성 이론에 의한 아주 작은 보정량까지 얻을 수 있다.

더 나아가, 일반 상대성 이론에만 있고 뉴턴의 중력 이론에는 전혀 없는 것이 있다. 그것은 궤도를 따라 서로 도는 물체들이 중력파의 형태로 에너지를 복사한다는 것이다. 중력파는 광파와 비슷하지만 전자기장의 주름이라기보다는 차라리 시공간의 주름이라 할 수 있다. 이 파동이 계에서 에너지를 빼앗는 비율은 아인슈타인의 이론에 따라 정밀하게 계산될 수 있는데, 이것은 두 중성자별로 이루어진 계에서 관찰된 에너지 손실과 정확하게 일치한다. '그림 1.15(b)'는 중력파를 내보내면서 에너지를 잃는 중성자별의 궤도 주기가 아주 조금씩 빨라져서 생기는 위상차를 20년 이상 관측한 것이다. 이 관측 결과는 20년이 넘도록 이론과 10^{14}분의 1 이내의 오차로 맞아떨어졌다. 이것으로 일반 상대성 이론은 이제까지 과학에서 가장 정밀하게 검증된 이론이 되었다.

이 이야기에는 한 가지 교훈이 있다. 아인슈타인이 8년 이상 걸려 일반 상대성 이론을 유도하게 된 동기는 관측이나 실험 때문이 아니었다. 때때로 사람들은 물리학자들이 그들의 실험 결과에서 규칙성을 찾아내 거기에 잘 맞는 이론을 만든다고 주장한다. 어쩌면 이것이 수학과 물리학이 왜 그렇게 사이가 좋은지 설명해 줄지도 모른다. 그러나 이 경우에는 상황이 전혀 그런 것 같지 않다. 상대성 이론은 처음부터 아무런 관측적인 동기 없이 개발되었지만,

수학적으로 매우 아름답고 물리적으로도 매우 흥미로운 이론이 되었다. 여기에서 중요한 점은 수학적 구조가 자연 바로 그곳에 있으며, 이 이론이 정말로 우주 자체에 들어 있다는 것이다. 이것은 누군가가 자연에 부여한 것이 아니다. 이것이 1장의 한 가지 본질적인 요점이다. 아인슈타인은 그곳에 있는 무엇인가를 밝혀냈다. 게다가 그가 밝혀낸 것은 그저 그런 사소한 물리학이 아니다. 그것은 자연에서 가장 근본적인 것, 즉 시간과 공간의 본질이었다.

이것은 수학적 세계와 물리학적 세계 사이의 관계에 관한 나의 원래 그림(그림 1.3)을 뒷받침하는 분명한 사례이다. 일반 상대성 이론은 물리학적 세계의 배후를 실제로 지배하는 극도로 정밀한 구조이다. 세계의 이러한 근본적인 특성들은 관찰에 의해 발견된 것이 아닐 때가 많다. 물론 관찰은 매우 중요하다. 우리는 아무리 뛰어난 이론이라도 관찰과 맞지 않으면 언제든지 내던져 버릴 준비가 되어 있어야 한다. 그러나 여기에 관찰과 극도로 정확하게 맞는 이론이 있다. 이 정확도는 뉴턴 이론보다 자릿수가 두 배나 된다. 다시 말해 일반 상대성 이론은 10^{14}분의 1만큼 정확하다고 알려져 있는 반면, 뉴턴 이론은 10^7분의 1만큼 정확하다고 알려져 있다. 이 차이는 뉴턴 이론의 17세기 때의 정확도와 현재의 정확도 간의 차이와 같다. 뉴턴은 자신의 이론이 1,000분의 1만큼 정확하다고 알고 있었고, 지금은 10^7분의 1만큼 정확하다고 알려져 있다

물론 아인슈타인의 일반 상대성 이론은 단지 하나의 이론일 뿐이다. 실제의 세계는 어떤 구조를 가지고 있을까? 나는 이 장을 식물학적 설명으로 채우지 않겠다고 앞에서 말했지만, 우주 전체에

대해 말하는 것은 식물학적 설명이 아니다. 나는 주어진 우주를 통째로 하나로만 다룰 것이기 때문이다. 아인슈타인의 이론에서는 세 가지 우주 모형이 나오며, 이 모형들은 '그림 1.16'에서 k라고 표시한 매개 변수로 정의된다. 우주론의 논의에서 때때로 나타나는 우주 상수라는 또 다른 매개 변수도 있다. 아인슈타인은 일반 상대성 이론의 방정식에 도입한 우주 상수를 자신의 가장 큰 실수로 인정했기에, 우주 상수에 대해서는 나도 말하지 않겠다. 그러나 우리가 그때로 되돌아가야 한다면, 어쨌든 우리는 우주 상수와 함께 살아가야 할 것이다.

우주 상수가 0이라고 가정할 때, 상수 k로 기술되는 세 종류의 우주가 '그림 1.16'에 그려져 있다. 이 그림에서는 우주 모형들의 다른 모든 변수 크기를 조절해서 k가 1, 0, −1의 값만을 가진다. 더 나은 방법으로는 우주의 나이나 척도에 대해 말하면서 연속적인 매개 변수를 고려해야 하나, 대략 세 가지 모형이 우주의 공간 부분의 곡률을 설명하는 것으로 볼 수 있다. 만일 우주의 공간 부분이 평평하다면 곡률이 0일 것이고 $k = 0$이다(그림 1.16(a)). 만일 공간 부분이 양(陽)으로 굽어 있다면 이것은 우주가 닫혀 있다는 뜻이고, $k = +1$이다(그림 1.16(b)). 이 모든 모형에서 우주는 초기의 특이 상태로 대폭발을 가지는데, 이것은 우주의 시작을 의미한다. 그러나 $k = +1$의 경우에 우주는 최대 크기로 팽창했다가 대수축(big crunch)으로 다시 수축한다. 그러나 $k = -1$의 경우에는 우주가 영원히 팽창한다(그림 1.16(c)). $k = 0$인 경우는 $k = 1$와 $k = -1$ 사이의 경계이다. 나는 앞에서 세 가지 모형에 적용할 수 있는

Roger Penrose •

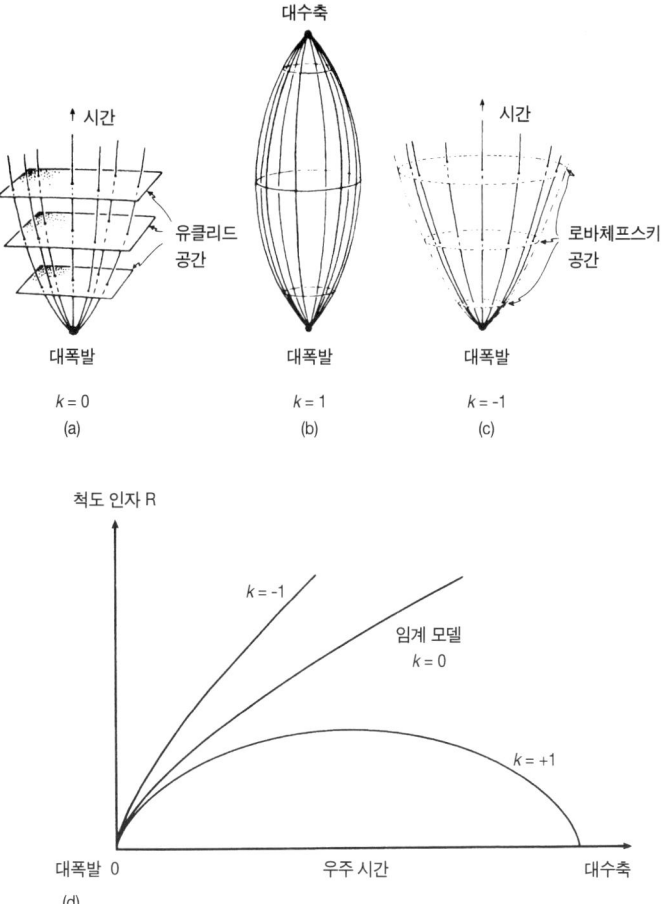

그림 1.16 (a) 유클리드 공간 부분(2차원으로만 그려져 있음)이 팽창하는 우주의 시공 그림(k=0). (b) (a)와 같으나, 공 모양의 공간 부분이 팽창하다가 수축하는 우주(k=+1). (c) (a)와 같으나, 로바체프스키(말안장 모양) 공간 부분이 팽창하는 우주(k=−1). (d) 프리드먼 모형에서 세 가지 유형이 변화하는 모습.

1장 ▪ 시공과 우주론 • 53

우주의 반지름과 시간 관계를 보였다(그림 1.16(d)). 이 반지름은 우주의 전형적인 규모로 생각할 수 있고, $k = +1$의 경우만 대수축으로 재수축하고 다른 두 경우는 무한히 팽창한다.

$k = -1$인 경우를 조금 더 자세히 살펴보자. 이것은 어쩌면 세 가지 중에서 가장 받아들이기 어려울 것이다. 특별히 이것이 흥미로운 두 가지 이유가 있다. 한 가지 이유는, 현재의 관측을 액면 그대로 믿으면 이것이 가장 선호되는 모형이라는 것이다. 일반 상대성 이론에 의하면 시공간의 곡률은 우주에 존재하는 물질의 양에 의해 결정되는데, 우주에는 우주의 기하학적인 구조를 도로 닫을 만큼 충분한 물질이 있는 것 같지 않다. 아직 우리가 잘 모르지만, 암흑 물질이나 감추어진 물질이 우주에 많이 있을지도 모른다. 이 경우에 우주는 다른 모형들 중의 하나가 될 수도 있다. 그러나 무거운 물질이 있다면 은하들의 광학적 모양이 왜곡되어 나타나야 하므로, 우주에는 여분의 물질이 많지 않은 듯하고, 따라서 우주는 $k = -1$이 될 것이다. 또 하나의 이유는, 내가 제일 그것을 좋아한다는 것이다! $k = -1$일 때 기하의 성질은 특별히 아름답다.

$k = -1$인 우주는 어떻게 보일까? 이 우주의 공간 부분은 쌍곡기하(특별한 설명이 없는 한 '공간'이라는 뜻으로 '기하'를 혼용해서 쓴다 —— 옮긴이) 혹은 로바체프스키 기하라고 불린다. 로바체프스키 기하의 구조를 이해하려면 에셔의 판화를 보는 것이 가장 좋다. 그는 원형 한계(circle limit, 점점 작게 무한히 복제하여 제한된 원 안에 그린 그림 —— 옮긴이)라고 이름 지은 판화를 많이 남겼는데, '그림 1.17'은 「원형 한계 4」이다. 이것이 에셔가 그린 우주의 모습이

54

Roger Penrose •

그림 1.17 에셔의 「원형 한계 4」(로바체프스키 공간의 한 표현).

다. 여기에는 천사와 악마가 꽉 차 있다! 눈여겨보아야 할 점은 원
의 가장자리로 갈수록 천사와 악마가 점점 많아진다는 것이다. 이
렇게 되는 이유는 쌍곡 공간을 보통의 평면, 즉 유클리드 공간에 표
현했기 때문이다. 독자가 상상해야 할 것은, 모든 악마들이 실제로
는 정확히 똑같은 크기와 모양이므로 독자가 우연히 우주 속에서
그림의 가장자리 쪽에 살게 된다면, 악마들은 그림의 중앙에 있을
때와 정확히 똑같아 보일 것이라는 점이다. 이제 로바체프스키 기
하가 어떤 것이지 약간 느낌이 올 것이다. 중심에서 가장자리로 걸
어가도, 그림의 왜곡된 형식 때문에 거기에서 보는 풍경은 중앙에

1장 ▪ 시공과 우주론 • 55

있는 것과 정확히 같아져서, 그 속에서 어디를 가든 그곳에서 보는 기하는 항상 똑같다.

이것은 아마 분명하게 정의된 기하가 가지는 가장 놀라운 예일 것이다. 그러나 유클리드 기하도 나름대로 매우 놀랄 만한 것이다. 유클리드 기하는 수학과 물리 사이의 놀라운 관계를 잘 보여 준다. 이 기하는 수학의 한 부분이지만, 그리스 인들은 이것이 세계의 모습을 그대로 기술하는 방법이라고 생각했다. 실제로 이것은 세계의 모습에 대한 매우 정확한 기술이라고 알려졌다. 물론 아인슈타인의 이론이 시공간은 다양한 방식으로 살짝 굽어 있다고 말해 주기 때문에 그것이 완벽하게 정확한 것은 아니다. 그럼에도 불구하고 유클리드 기하는 세계에 대한 특별히 정확한 기술이다. 사람들은 다른 기하학이 가능한지 궁금해 했다. 특히 그들은 **유클리드의 제5공준**에 의문을 가졌다. 이 공준은 "평면에 직선이 있고 그 선 밖에 한 점이 있다면, 이 직선과 평행이면서 그 점을 지나는 직선은 하나뿐이다"라고 말할 수 있다. 사람들은 이 공준을 유클리드 기하학의 좀 더 명백한 공리들을 통해 증명할 수 있을 것으로 생각했다. 그러나 이것이 가능하지 않음이 밝혀졌고, 거기에서 비유클리드 기하학이 나타나게 되었다.

비유클리드 기하학에서는 한 삼각형의 내각의 합이 $180°$와 같지 않다. 유클리드 기하학에서는 삼각형의 세 각의 합이 $180°$(그림 1.18(a))이기 때문에, 여러분은 또다시 상황이 더 복잡해졌다고 생각할 수도 있다. 그러나 비유클리드 기하학에서 삼각형의 세 각을 합해 이 값을 $180°$에서 빼면, 이 차이가 삼각형의 넓이에 비례한

Roger Penrose •

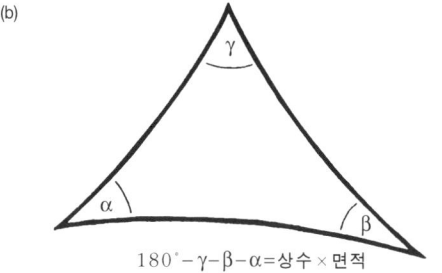

(a)

$$\alpha+\beta+\gamma=180°$$

(b)

$$180°-\gamma-\beta-\alpha=상수 \times 면적$$

그림 1.18 (a) 유클리드 공간의 삼각형. (b) 로바체프스키 공간의 삼각형.

다. 유클리드 기하학에서 삼각형의 넓이를 각도와 길이로 나타내
면 아주 복잡해진다. 비유클리드 기하학인 로바체프스키 기하학에
서 삼각형의 넓이를 놀랍도록 단순한 공식으로 계산할 수 있다는
것을 알아낸 사람은 요한 하인리히 람베르트(Johann Heinrich
Lambert)였다(그림 1.18(b)). 사실 람베르트는 비유클리드 기하학이
발견되기 전에 이미 이 공식을 유도했는데, 나는 이것을 도대체 이
해할 수 없다!

또 다른 매우 중요한 점이 하나 있는데, 이번에는 실수(實數)와

1장 · 시공과 우주론 • **57**

그림 1.19 에셔의 「원형 한계 1」.

관련된 것이다. 실수는 유클리드 기하학에 절대적으로 근본적인 수이다. 실수는 본질적으로 기원전 4세기 에우독수스(Eudoxus)에 의해 소개되었고, 여전히 우리와 같이 있다. 실수는 우리의 모든 물리를 기술하는 수이다. 뒤에서 소개되는 것처럼 복소수도 필요하나, 복소수도 실수에 기반을 두고 있다.

로바체프스키 기하학이 어떤 것인지 살펴보기 위해 에셔의 판화를 하나 더 구경하자. '그림 1.19'는 '직선'이 분명하기 때문에, 이 기하를 이해하는 데 있어 '그림 1.17'보다 더 좋다. 여기에서 직선은 원호로 표현되고, 이 원호들은 경계와 직각으로 만난다. 그래서 당신이 로바체프스키 사람이고 이 공간 속에서 산다면, 당신이 직

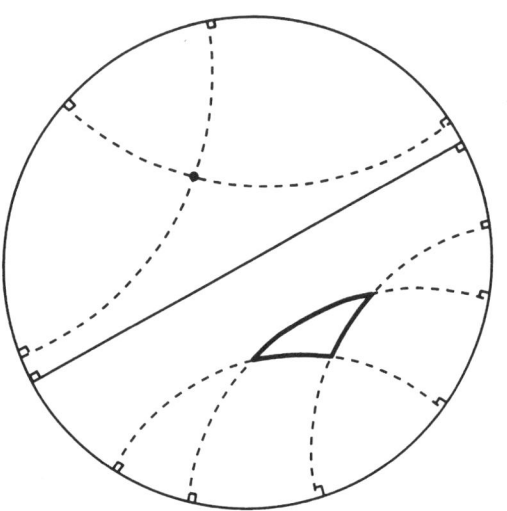

그림 1.20 「원형 한계 1」에 나타난 로바체프스키(쌍곡선) 공간의 기하학적 성질.

선이라고 생각하는 것은 이러한 호들 중의 하나일 것이다. '그림 1.19'에서 이것을 분명히 볼 수 있다. 그것들 중 몇 개는 중심을 지나가는 유클리드 직선이지만, 다른 모든 것들은 굽은 호이다. 이러한 '직선'들 중 몇 개를 '그림 1.20'에 그려 보자. 여기에서 나는 원을 가로지르는 직선(지름) 위에 놓이지 않은 한 점을 표시했다. 로바체프스키 사람들은 내가 표시한 것처럼 그 점을 지나면서 지름에 평행한 두 개의 (또는 그 이상의) 서로 분리된 선을 그릴 수 있다. 따라서 평행 공준은 이러한 기하에서 성립하지 않는다. 더 나아가 여기에 삼각형을 그릴 수 있고, 세 각을 합해서 삼각형의 넓이를 계산할 수도 있다. 이것으로 독자들은 쌍곡 기하의 본질에 대해

1장 ▪ 시공과 우주론 • 59

약간 맛을 보았을 것이다.

다른 예를 들어 보자. 나는 쌍곡 기하, 즉 로바체프스키 기하를 제일 좋아한다고 말했다. 그 이유 중의 하나는 그 대칭 군(群)이 우리가 앞에서 본 로렌츠 군, 즉 특수 상대성 이론의 군 또는 상대성 이론의 빛원뿔 대칭 군과 정확히 똑같다는 것이다. 이렇게 된다는 것을 설명하기 위해 '그림 1.21'의 빛원뿔을 보자. 물론 이 그림에서는 3차원 공간이 2차원으로 표시된다. 빛원뿔은 그림에 나오는 보통의 방정식으로 표현된다.

$$t^2 - x^2 - y^2 = 0$$

아래위에 보이는 사발 모양의 면은 이 민코프스키 기하의 원점에서 '단위 거리'에 있다. (민코프스키 기하에서 '거리'는 실제로 시간이고, 움직이는 시계로 물리적으로 측정한 고유 시간이다.) 따라서 이 면들은 민코프스키 기하의 '구'이다. 이 '구'의 기하학적 성질은 실제로 로바체프스키 (쌍곡) 기하를 따른다. 유클리드 공간에서 보통의 구를 생각하면, 여러분은 이것을 회전시킬 수 있고, 이때의 대칭 군은 구를 회전시키는 군이다. '그림 1.21'에 나타난 기하에서 대칭 군은 여기에 그려진 표면의 대칭 군이며, 다시 말해 로렌츠 회전의 대칭 군이다. 이 대칭 군은 한 점을 고정시키고 시공간을 다른 방식으로 돌리면, 공간과 시간이 어떻게 변환되는지 말해 준다. 이제 우리는 로바체프스키 공간의 대칭군이 본질적으로 로렌츠 군과 똑같다는 것을 알 수 있다.

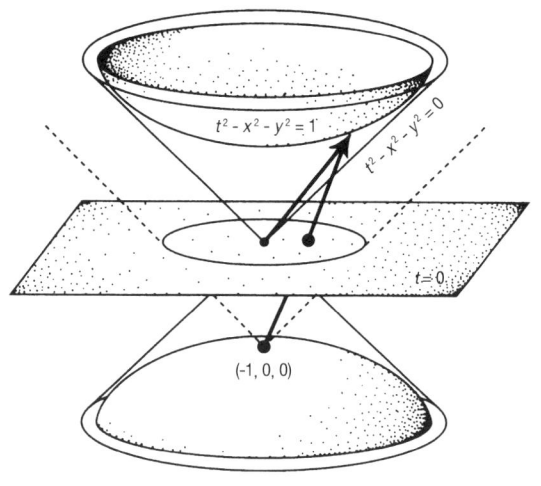

그림 1.21 민코프스키 시공간 속에 쌍곡 회전체로 표현된 로바체프스키 공간. 쌍곡 회전체는 극사영에 의해 t=0. 평면 위의 푸앵카레 원반으로 투영된다.

'그림 1.21'은 민코프스키 공간에서의 극사영(그림 1.10(c))을 보여 준다. 여기에서 남극에 해당하는 점은 (−1, 0, 0)이고, 위쪽에 있는 사발 위의 점들을 $t = 0$에 있는 평면에 투영하는데, 이 평면은 '그림 1.10(c)'에서 적도면에 해당한다. 이러한 과정으로 윗면에 있는 모든 점을 $t = 0$에 있는 평면으로 투영한다. 투영된 점들은 모두 $t = 0$ 평면의 원반 속으로 모이는데, 이 원을 '푸앵카레 원반'이라고도 한다. 이것은 에서의 「원형 한계」가 그려진 방식을 정확하게 보여 준다. 쌍곡 회전체(로바체프스키 기하) 표면 전체가 푸앵카레 원반으로 옮겨진 것이다. 게다가 이 투영은 '그림 1.10(c)'의 투영과 똑같은 역할을 한다. 원과 각도를 보존하는 등 모든 기하학적 성질들이 아름답게 나타난다. 어쩌면 나는 지금 나만의 열광에 빠져 있는지도 모른다. 이것이 혹시 수학자들이 무엇인가에 도취되었을 때 저지르는 일이 아닐까 걱정된다.

흥미로운 점은 위의 문제에서처럼 어떤 기하학 같은 것을 적용할 때, 이런 아름다움을 가진 해석과 결과는 살아남지만, 수학적으로 우아하지 못한 해석은 점차 소멸한다는 것이다. 쌍곡 기하에는 뭔가 특별한 아름다움이 있다. 우주도 이런 방식으로 만들어졌다면, 최소한 나 같은 사람들에게는 너무나도 멋지다고 느껴질 것이다. 실제로 우주가 이렇게 만들어졌다고 믿는 여러 가지 다른 이유도 있다. 많은 사람들은 이러한 열린 쌍곡 우주를 좋아하지 않는다. 그들은 '그림 1.16(b)'에 그려진 것과 같은 멋지고 아담한 닫힌 우주를 선호한다. 그러나 닫힌 우주는 여전히 매우 크다. 또 다른 많은 사람들은 평평한 우주 모형(그림 1.16(a))을 좋아하는데, 이것은 **급팽창 이론**이라는 초기 우주에 대한 이론이 있기 때문이다. 이 이론은 우주의 기하가 평평해야 한다고 말하지만, 나는 이 이론을 신뢰하지 않는다.

우주의 세 가지 표준 형태를 **프리드먼 모형**이라 하고, 이 모형들의 특징은 아주 대칭적이라는 것이다. 이 모형들은 처음에 팽창하지만, 우주는 어떤 순간이든 모든 곳이 완벽하게 균일하다. 프리드먼 모형의 전제 조건인 이 가정을 **우주 원리**라고 한다. 내가 어디에 있든 프리드먼 우주에서는 모든 방향이 같게 보인다. 실제의 우주도 놀라울 정도로 이 우주 모형과 같다. 아인슈타인의 방정식이 옳다면 (그리고 아인슈타인의 이론이 관측과 엄청나게 잘 일치한다는

Roger Penrose •

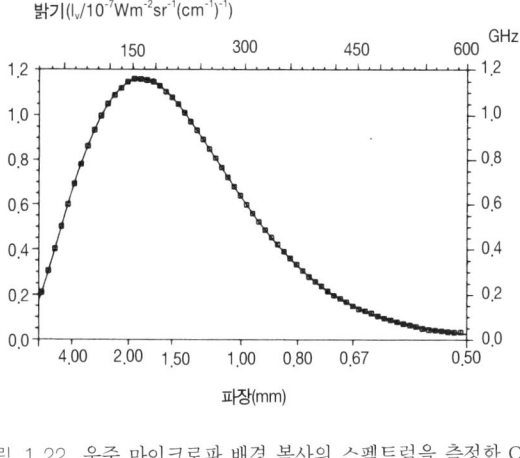

그림 1.22 우주 마이크로파 배경 복사의 스펙트럼을 측정한 COBE의 결과와, 대폭발 복사 이론의 '열적' 현상에서 얻은 기대값(실선)의 정확한 일치.

것을 알았으므로) 우리는 프리드먼 모형을 진지하게 받아들여야 한다. 이 모든 모형에는 대폭발이라는 거북한 것이 있어서, 처음부터 모든 것이 잘못되어 왔다. 우주가 무한히 조밀하고 무한히 뜨겁다는 등, 이 이론에서는 뭔가가 심각하게 잘못되어 가고 있다. 그럼에도 불구하고 이 매우 뜨겁고 조밀한 상태가 있었다고 받아들인다면, 우주의 열적인 상황이 오늘날 어떻게 되었는지 예측할 수 있고, 이렇게 예측된 것들 중의 하나가 오늘날 우리 주위의 모든 곳에 흑체 복사(모든 전자기파를 완전히 흡수하는 물체가 온도에 따라 내는 복사——옮긴이)로 균일하게 깔려 있다고 할 수 있다. 정확하게 이런 형태의 복사가 1965년에 펜지아스(Arno Penzias)와 윌슨(Robert Woodrow Wilson)에 의해 발견되었다. 우주 마이크로파 배

1장 ■ 시공과 우주론 • 63

경 복사로 알려진 이 복사의 스펙트럼을 COBE(Cosmic Background Explorer의 약자로 1989년 NASA에서 우주 배경 복사를 관측하기 위하여 쏘아 올린 인공위성 —— 옮긴이) 위성이 최근에 관측하여 그것이 극도로 정확하게 흑체 복사 스펙트럼과 같다는 것을 보여 주었다 (그림 1.22).

모든 우주론자들은 이 복사의 존재를 우리의 우주가 아주 뜨겁고 빽빽한 상태를 거쳐 왔다는 증거로 해석한다. 따라서 이 복사는 초기 우주의 본질에 관해 뭔가를 말해 주고 있다. 그것은 우리에게 모든 것을 말해 주지는 않으나 대폭발과 비슷한 일이 있었다는 것을 의미한다. 다시 말해 우주는 '그림 1.16'의 모형들과 매우 비슷했을 것이다.

COBE 위성에 의해 다른 아주 중요한 발견이 있었는데, 그것은 우주 마이크로파 배경 복사가 현저하게 균일하고 그 성질을 수학적으로 매우 아름답게 설명할 수 있다고 해도, 우주가 아주 완전하게 균일하지는 않다는 사실이다. 실제로 복사 분포에는 하늘 전체에 걸쳐 아주 작은 불규칙성이 존재한다. 또한 우리는 초기 우주에 이 작은 불규칙성이 있어야 한다고 기대한다. 무엇보다도 우리가 여기에서 우주를 관측하고 있고, 확실히 우리는 단지 뿌연 얼룩이 아니기 때문이다. 우주는 아마도 '그림 1.23'에 그려진 그림과 더

그림 1.23 (a) 블랙홀이 형성되는 닫힌 우주 모형의 진행 과정. 여러 가지 물체가 마지막에 겪는 일도 함께 보여 준다. 대수축에는 끔찍한 혼란이 온다는 것을 알 수 있다. (b)의 필름 띠가 (a)에서 일어나는 사건들을 순서대로 보여 준다. (c) 열린 우주 모형의 전개 과정. 여러 시대에 걸쳐 블랙홀들이 형성된다.

Roger Penrose •

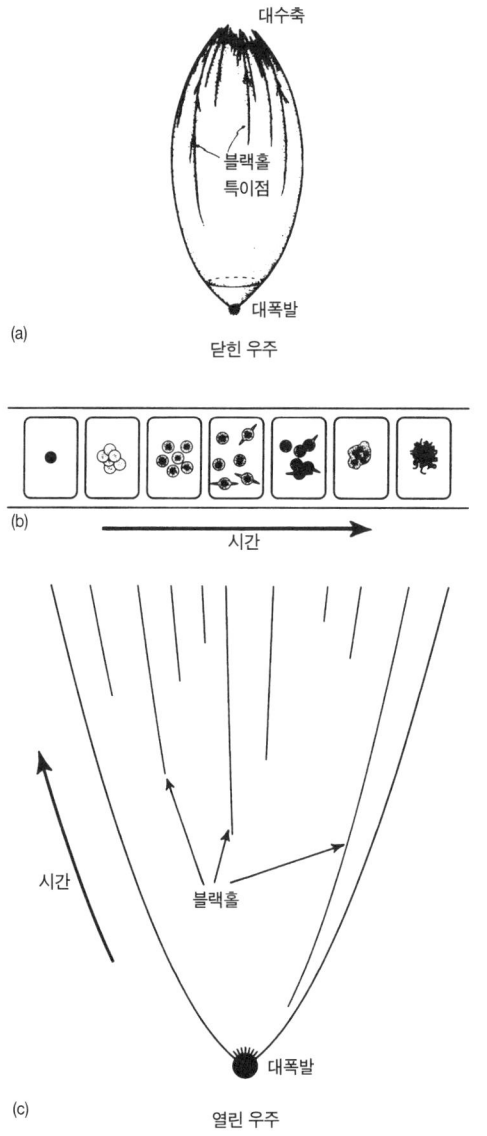

대수축

블랙홀
특이점

대폭발

(a)

닫힌 우주

(b)

시간

시간

블랙홀

대폭발

(c)

열린 우주

1장 ▪ 시공과 우주론 • **65**

흡사할 것이다. 나도 배타적이지 않다는 것을 보여 주기 위해, 열린 우주와 닫힌 우주를 모두 예로 들겠다.

닫힌 우주에서 이 불규칙성이 발전하여 별이나 은하 같은 관측 가능한 구조를 형성하고, 좀 더 지나면 별의 붕괴나 은하의 중심을 향한 질량의 축적 등을 통해 블랙홀이 형성된다. 이러한 블랙홀들은 대폭발을 거꾸로 본 것과 아주 흡사한 특이점을 중심에 갖고 있다. 하지만 그림에서 보이는 것처럼 이렇게 단순하지는 않다. 우리가 밝힌 그림에 따르면 최초의 대폭발은 멋지고 대칭적이고 균일한 상태이나, 닫힌 우주 모형의 마지막 점은 끔찍한 혼란이다. 블랙홀들이 모두 한 점에 모여서 마지막 대수축(그림 1.23(a))은 믿기 힘든 뒤범벅이 될 것이다. 이 닫힌 우주 모형의 진행 과정은 '그림 1.23(b)'에 필름 띠로 그려져 있다. 열린 우주 모형의 경우에도 최초의 특이점이 있고, 블랙홀의 중심에 특이점이 형성된다(그림 1.23(c)).

우리가 초기에서 본 상태와 먼 미래에 볼 상태에는 큰 차이가 있음을 보여 주기 위해, 나는 표준 프리드먼 모형의 이러한 특징을 강조한다. 이 문제는 열역학 제2법칙이라는 물리학의 기본 법칙과 관련되어 있다.

우리는 단순히 일상생활에서도 이 법칙을 이해할 수 있다. 탁자의 가장자리에 놓여 있는 포도주 잔을 생각하자. 잔이 탁자에서 떨어져 산산조각이 나면서 포도주가 양탄자 위로 엎질러져 버릴지도 모른다(그림 1.24). 뉴턴 물리학에는 이 과정이 거꾸로 일어날 수 없음을 말해 주는 것이 아무것도 없다. 이런 일은 절대로 관측되지

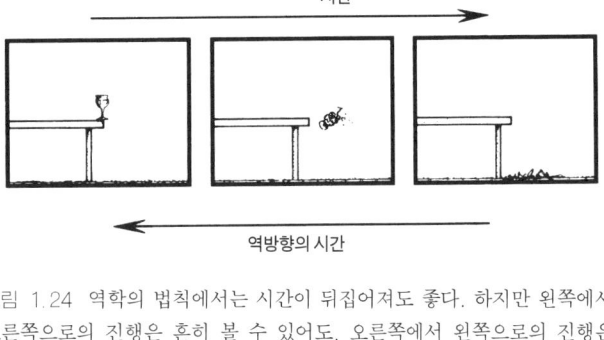

그림 1.24 역학의 법칙에서는 시간이 뒤집어져도 좋다. 하지만 왼쪽에서 오른쪽으로의 진행은 흔히 볼 수 있어도, 오른쪽에서 왼쪽으로의 진행은 절대로 볼 수 없다.

않는다. 포도주 잔이 스스로 다시 조립되고 양탄자로부터 포도주가 도로 나와 재조립된 잔을 채우는 것을 절대로 볼 수 없다. 물리학의 세밀한 법칙만을 생각한다면, 시간에서 한 방향은 바로 다른 방향과 똑같이 훌륭하고 아무 문제가 없다. 이 차이를 이해하려면, 계의 엔트로피가 시간에 따라 증가한다고 말하는 열역학 제2법칙이 필요하다. 엔트로피라는 양은 잔이 바닥에 흩어져 있을 때보다 잔이 탁자 위에 있을 때 적어진다. 열역학 제2법칙에 따르면, 이 계의 엔트로피는 증가한다. 대충 말하자면, 엔트로피는 어떤 계가 무질서한 정도를 나타낸다. 이 개념을 좀 더 정확히 표현하려면, **위상 공간**의 개념을 도입해야 한다.

위상 공간은 엄청난 수의 차원을 가진 공간이며, 이 다차원 공간에서 각 점은 지금 고려하는 계의 모든 입자들의 위치와 운동량을 나타낸다. '그림 1.25'에서 우리가 찍은 점은 계의 모든 입자들이 어디에 있는지, 어떻게 움직이는지를 모두 나타낸다. 이 입자들의

1장 시공과 우주론 • 67

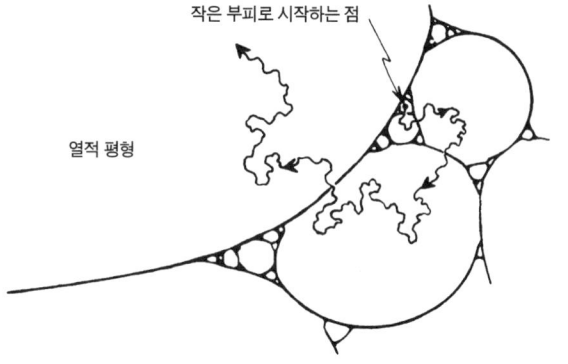

작은 부피로 시작하는 점

열적 평형

그림 1.25 열역학 제2법칙의 작용. 시간이 흐를수록 위상 공간의 점은 부피가 더 큰 구획으로 들어간다. 결과적으로 엔트로피는 계속 증가한다.

계가 진행되면, 이 점은 위상 공간 속에서 어디론가 움직이는데, 나는 이것을 한 점에서 출발해서 이리저리 요동치며 움직여 가는 것으로 그렸다.

이 구불구불한 선은 입자 계의 일반적인 진행 과정을 나타낸다. 여기에 아직 엔트로피는 나오지 않는다. 엔트로피를 얻으려면, 구별할 수 없는 상태들의 영역을 둘러싸는 작은 거품들을 그려 넣어야 한다. 이것은 약간 모호해 보인다. '구별할 수 없다'니, 이게 무슨 뜻인가? 분명히 이것은 누가 보는지, 얼마나 세밀하게 보는지에 달려 있지 않은가? 사실 이론 물리학에서 엔트로피가 정확히 무엇을 의미하는지 말한다는 것은 약간 미묘한 문제다. 본질적으로 이것은 구별 불가능한 상태들끼리 대강 묶는다는 뜻이다. 이 위상 공간의 영역들을 한데 묶고 그 부피를 구한 다음에, 로그를 취해 볼츠만 상수라는 것을 곱하면, 이것이 엔트로피이다. 열역학 제2법칙에서 우리가 아는 것은, 엔트로피가 증가한다는 것이다. 이것은 사실 좀 시시한 것이다. 말하자면, 계를 작은 상자 안에서 시작하게 하여 계속 진행되게 두면 점점 더 큰 상자 안으로 움직여 간다는 것이다. 이런 일이 일어난다는 것은 매우 그럴듯하다. 문제를 자세히 들여다보면 큰 상자들은 이웃의 작은 상자보다 절대적으로 엄청나게 크기 때문이다. 그래서 만일 당신이 큰 상자들 중의 하나에 들어 있다면 사실상 더 작은 상자로 돌아갈 기회는 전혀 없다. 이것이 전부다. 계가 위상 공간 속에서 점점 더 큰 상자로 돌아다닌다는 것뿐이다. 이것이 열역학 제2법칙으로부터 우리가 알고 있는 내용이다. 그러면 이것뿐인가?

사실 이것은 절반의 설명일 뿐이다. 즉 우리가 계의 현재 상태를 안다면 미래에 가장 있음직한 상태를 알 수 있다는 것이다. 그러나 똑같은 논의를 반대 방향으로 적용하려 들면 완전히 틀린 답이 나온다. 포도주 잔이 탁자의 가장자리에 놓여 있다고 하자. "이것이 여기에 있으려면 가장 그럴듯한 방법은 무엇인가?"라고 물을 수 있다. 이 논의를 주어진 그대로 반대 방향으로 적용한다면, 가장 있음직한 일은 포도주 잔의 조각들이 엉망이 된 양탄자에서 출발하여 저절로 탁자 위로 올라와 다시 조립되는 것이라는 결론이 나온다. 이것은 분명히 틀린 설명이다. 바른 설명은 누군가가 그것을 거기에 두었다는 것이다. 그 사람은 어떤 이유로 그것을 거기에 두었고, 그 이유는 또 다른 이유 때문이다. 이렇게 계속되는 추론의 연쇄는 점점 더 엔트로피가 낮았던 과거로 돌아가게 한다. '그림 1.26'에 물리적으로 바른 곡선은 '실젯값'이라고 표시된 것이다

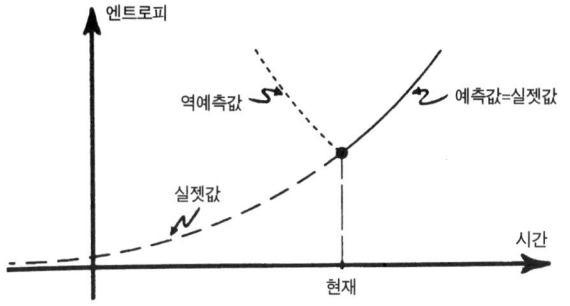

그림 1.26 '그림 1.25'의 논의를 시간의 반대 방향으로 적용하면, 우리는 엔트로피가 현재의 값에서 **과거**로도 증가한다고 '역예측'하게 된다. 이것은 대체로 관측과 일치하지 않는다.

('역예측값'이 아니라). 엔트로피는 과거로 갈수록 점점 줄어든다.

미래로 가면 왜 엔트로피가 증가하는가에 대해서는 점점 더 큰 상자로 가기 때문이라고 설명할 수 있다. 과거로 갈수록 왜 엔트로피가 줄어드는가 하는 문제는 완전히 다른 것이다. 과거로 갈수록 엔트로피를 끌어내리는 무엇인가가 있어야 한다. 과거의 무엇이 엔트로피를 끌어내렸는가? 과거로 돌아가면, 엔트로피가 점점 더 작아져 결국에는 대폭발에 이르게 된다.

대폭발에는 아주 특별한 무엇인가가 있어야 한다. 그러나 그것이 정확히 무엇인지는 매우 큰 논쟁거리이다. 나는 믿지 않는다고 앞에서 말했지만 많은 사람들이 열중하고 있는, 인기 있는 이론이 바로 급팽창 우주에 대한 아이디어이다. 이 아이디어에서는, 크게 보아 우주가 매우 균일한 이유는 우주 팽창의 최초 단계에서 일어났다고 추측되는 어떤 일 때문이라고 말한다. 이것은 우주가 겨우

Roger Penrose •

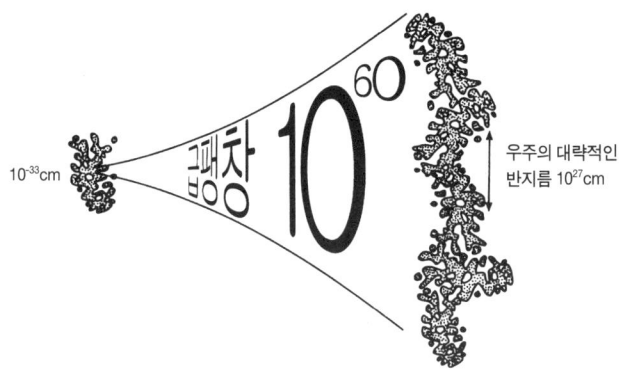

그림 1.27 초기 우주에서 '포괄적인' 불규칙성을 급팽창시켰을 때의 문제를 보여 주는 그림.

10^{-36}초 정도 되었을 때 절대적으로 엄청난 팽창이 있었을 것이라고 추측한다. 매우 이른 초기 단계에서 우주를 대략 10^{60}배라는 엄청난 비율로 잡아늘여 버리면, 원래의 우주가 어떤 모습이었든 무조건 평평해 보일 것이다. 사실 사람들이 평평한 우주를 좋아하는 한 가지 이유가 바로 여기에 있다.

그러나 사실은 생각대로 되어 주지 않는다. 초기 상태를 마구잡이로 선택한다면, 그것은 끔찍한 혼란 상태일 것이고, 이렇게 엉망인 것을 엄청난 비율로 잡아늘인다고 해도 여전히 엉망일 것이다. 사실, 팽창하면 할수록 더 나빠 보일 것이다(그림 1.27).

따라서 이 논의만으로는 왜 우주가 그렇게 균일한지 설명하지 못한다. 우리는 대폭발이 진정으로 어떤 것인지 말해 주는 이론이 필요하다. 우리는 이 이론이 무엇인지 알지 못하나, 대규모 물리학과 소규모 물리학을 함께 가진다는 것은 분명하다. 이것은 고전 물

1장 ■ 시공과 우주론 • 71

리학뿐만 아니라 양자물리학도 포함해야 한다. 더 나아가, 대폭발이 우리가 관측한 것과 같이 균일했다는 함축이 이 이론에서 나와야 한다고 나는 주장한다. 어쩌면 이러한 이론은, 특히 내가 좋아하는 대로, 쌍곡선의 로바체프스키 우주를 만들어 낼지도 모르지만, 그렇게 될 것이라고 우길 생각은 없다.

닫힌 우주와 열린 우주의 그림(그림 1.28)으로 다시 돌아가자. 나는 여기에 블랙홀의 형성도 포함시켰다. 물질들이 블랙홀 속으로 무너지면서 특이점을 만드는데, 이것이 우주의 시공간 도형에 그려진 검은 선이다. 여기에서 내가 **바일 곡률 가설**이라고 부르는 것을 도입하자. 이 가설은 어떤 알려진 이론에서 나온 것은 아니다. 앞에서 말했듯이, 우리는 그 이론이 무엇인지 알지 못하는데, 그 이유는 매우 대규모 물리학과 소규모 물리학을 결합하는 법을 모르기 때문이다. 언젠가 우리가 그 이론을 찾아 낼 때, 그 이론은 내가 바일 곡률 가설이라고 부르는 특징을 하나의 결과로 가져야 한다. 바일 곡률은 왜곡과 조수력 효과를 일으키는 리만 텐서의 한 부분임을 기억하라. 대폭발의 부근에서 적절한 이론의 결합은 바일 텐서가 0 또는 아주 작은 값이 되게 해야 한다는 것을 우리는 어떤 이유로 아직 이해하지 못했다.

이것의 결과는 '그림 1.28(a)'나 '그림 1.28(c)'와 같은 우주이며, '그림 1.29'와 같은 우주는 아니다. 바일 곡률 가설은 시간에 대칭이 아니어서, 오로지 과거 특이점에만 적용되고 미래 특이점에는 적용되지 않는다. 바일 텐서가 미래에만 자유로운 값을 가지는 것이 아니라 과거에도 자유로운 값이 허용된다면, 닫힌 모형에

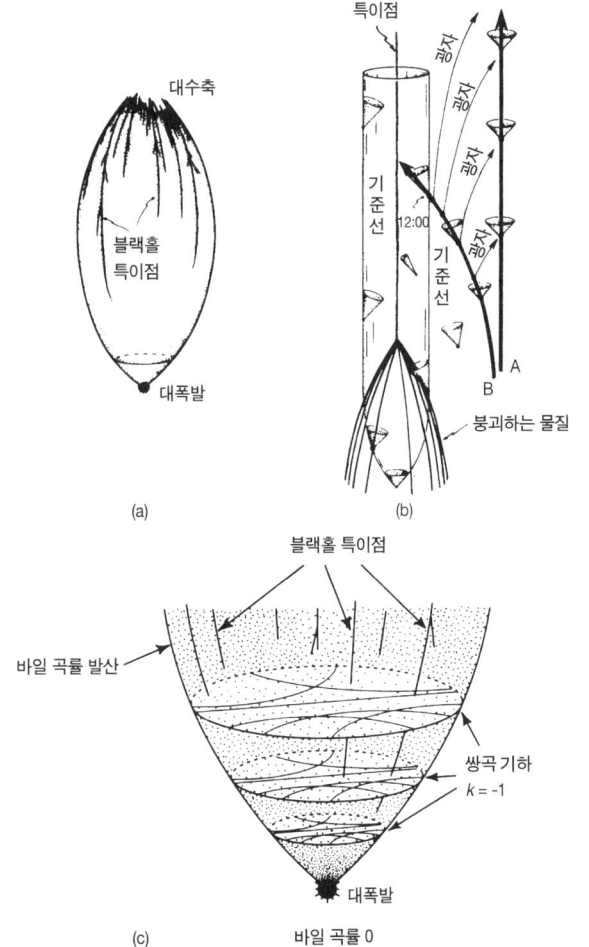

그림 1.28 (a) 닫힌 우주가 균일하게 낮은 엔트로피와 바일 곡률 0인 대폭발로 시작해서 높은 엔트로피와 (많은 블랙홀을 가지면서) 바일 곡률이 무한대인 대수축으로 끝나는 전체 역사. (b) 블랙홀 하나의 붕괴를 보여 주는 시공간 도형. (c) 열린 우주의 역사. 여기에서도 우주는 균일한 낮은 엔트로피와 바일 곡률이 0인 대폭발로 시작한다.

1장 ▪ 시공과 우주론 • **73**

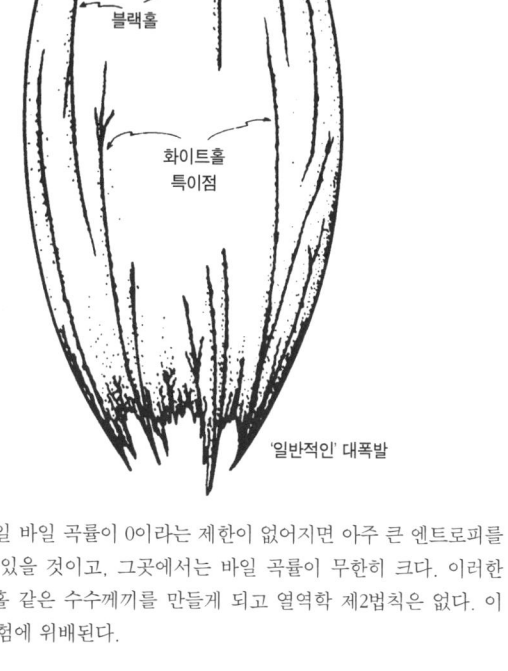

그림 1.29 만일 바일 곡률이 0이라는 제한이 없어지면 아주 큰 엔트로피를 갖는 대폭발이 있을 것이고, 그곳에서는 바일 곡률이 무한히 크다. 이러한 우주는 화이트홀 같은 수수께끼를 만들게 되고 열역학 제2법칙은 없다. 이 것은 우리의 경험에 위배된다.

서 우주는 끔찍한 혼란으로 시작해서 마지막에도 똑같이 끔찍한 혼란으로 끝날 것이다(그림 1.29). 그것은 우리가 사는 우주와 비슷해 보이지 않는다.

　　우주가 순전히 **우연**에 의해 머나먼 과거에 있었던 것과 같은 초

Roger Penrose •

그림 1.30 우리가 살고 있는 것과 닮은 우주를 만들려면, 조물주는 '가능한' 우주의 위상 공간에서 터무니없이 작은 부피를 찾아내야 한다. 이것은 전체 부피의 겨우 $10^{10^{123}}$분의 1에 불과하다. (부피를 가리키는 점과 바늘은 실제 축적과 다르게 그려졌다).

기 특이점을 가질 확률은 얼마인가? 이 확률은 $10^{10^{123}}$분의 1보다도 작다. 이렇게 엄청난 추정값은 어디서 오는가? 이것은 블랙홀 엔트로피에 관한 야콥 베켄슈타인(Jacob Bekenstein)과 스티븐 호킹의 공식에서 유도되고, 이것을 이 특별한 문맥에 적용하면, 이런 엄청난 답이 나온다. 이것은 우주가 얼마나 큰가에 달려 있고, 내가 좋아하는 우주를 받아들인다면, 이 수는 사실상 무한대이다.

이것은 대폭발을 설정하는 데 필요한 정밀도에 관해 무엇을 말하는가? 이것은 아주 특별하다. 나는 이 확률을 만화로 그렸는데, 만화 속의 조물주는 거대한 위상 공간 속에서 머나먼 미래에 우리가 사는 것과 같은 우주로 발전할 초기 조건에 해당하는 엄청나게 작은 점을 찾고 있다(그림 1.30). 이것을 찾으려면, 조물주는 위상

1장 ▪ 시공과 우주론 • 75

공간 속에서 $10^{10^{123}}$분의 1이라는 정밀도로 한 점을 찍어야 한다. 우주에 있는 모든 소립자마다 0을 하나씩 할당한다고 해도 나는 이 수를 다 쓸 수 없다. 이것은 엄청난 숫자이다.

나는 수학과 물리학이 얼마나 특별한 정밀도로 잘 맞는지 말했다. 나는 열역학 제2법칙에 대해서도 말했는데, 이것은 꽤 느슨한 법칙으로 생각되기도 하지만(이 법칙은 무작위성과 우연에 대해 말한다), 이 법칙 속에는 뭔가 아주 정밀한 것이 숨어 있다. 우주에 적용했을 때, 이것은 초기 상태 설정의 정밀도와 관련이 있다. 이 정밀도는 양자론과 일반 상대성 이론의 통일과 관련이 있지만, 우리는 아직 이 이론을 모른다. 그러나 나는 다음 장에서 이러한 이론이 가져야 할 그 무엇에 대해 말하겠다.

2장

양자물리학의 미스터리

1장에서 나는 물리적 세계의 구조가 매우 정확하게 수학에 의존한다는 것을 보였고, 이것을 '그림 1.3'에 상징적으로 나타냈다. 수학이 물리학의 근본적인 면을 얼마나 정확하게 기술하는지를 보면 매우 놀랍다. 이것을 두고 유진 위그너(Eugene Wigner)는 어느 유명한 강의(1960년)에서 이렇게 말했다.

물리학에서 수학의 불합리할 정도의 효율성.

물리학에서 수학의 성공 사례들은 매우 인상적이다.

• **유클리드 기하학**은 수소 원자 크기에서 미터 범위까지 정확하다. 1장에서 말했듯이, 이것은 일반 상대성 이론의 효과 때문

에 아주 엄밀하게 정확한 것은 아니다. 하지만 실용적인 목적에서 볼 때 유클리드 기하학은 매우 정확하다.

- **뉴턴 역학**은 약 10^7분의 1까지 정확하다고 알려져 있으나, 마찬가지로 엄밀하게 정확한 것은 아니다. 더 정확한 결과를 얻으려면 다시 상대성 이론이 필요하다.

- **맥스웰의 전기동역학**은 양자역학과 결합되어, 입자 크기에서 멀리 떨어진 은하의 크기를 넘어 대략 10^{35}배 이상에 해당하는 엄청난 범위까지 잘 맞는다.

- **아인슈타인의 상대성 이론**은 1장에서 말했듯이 10^{14}분의 1만큼 정확하며, 이것은 대충 뉴턴 역학의 2배에 해당하므로, 아인슈타인의 상대성 이론은 뉴턴 역학을 포함한다.

- 이 장의 주제인 **양자역학**도 아주 정확한 이론이다. 양자장론은 맥스웰의 전기동역학과 아인슈타인의 특수 상대성 이론을 양자역학과 결합한 것으로, 10^{11}분의 1만큼 정확한 계산 결과를 얻을 수 있다. 특히 '디랙의 단위'로 알려진 단위계에서 전자의 자기 모멘트가 1.001159652(46)로 예측되었는데, 실험으로 결정된 값 1.0011596521(93)과 너무나 잘 들어맞는다.

이 이론들에서 중요한 점이 하나 있다. 수학이 물리적 세계를 기술하기에 특별히 효과적이고 정확할 뿐만 아니라, 수학 자체로도 특별히 수확이 많다는 것이다. 수학에서 수확이 많은 개념들이 물리학 이론에 기반을 둔 경우는 아주 흔하다. 여기에서 물리학 이론의 필요에 따라 만들어진 수학의 예를 몇 가지 들어 보자.

- 실수
- 유클리드 기하학
- 미적분학과 미분 방정식
- 심플렉틱(symplectic, 사영) 기하학
- 미분 형식과 편미분 방정식
- 리만 기하학과 민코브스키 기하학
- 복소수
- 힐베르트 공간
- 범함수 적분
- 기타 등등

가장 놀랄 만한 예는 미적분학의 발견으로, 이것은 뉴턴 역학의 수학적 기초를 세우기 위하여 뉴턴과 여러사람들에 의해 개발되었다. 이렇게 다양한 형태의 수학이 그 후에 순수한 수학적 문제의 풀이에 적용되었을 때, 그것들은 수학 자체로도 극히 풍성하다고 알려졌다.

1장에서 우리는 물체의 크기에 대해 알아보았다. 길이와 시간의 근본 단위인 플랑크 길이와 플랑크 시간에서, 플랑크 규모보다 대략 10^{20}배 더 큰 입자물리학의 최소 단위를 지나, 인간의 시간적 규모와 공간적 규모가 우주에서 극도로 안정한 구조라는 것을 알았고, 물리적 우주의 나이와 반지름까지 살펴보았다. 그리고 근본적인 물리학에서 대상의 규모가 매우 큰지 매우 작은지에 따라 상당히 다른 두 가지 방법을 사용한다는 다소 혼란스러운 사실을 지적

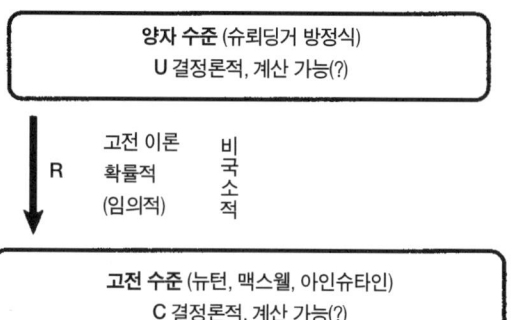

그림 2.1

했다.

양자물리학을 제대로 이해했다면 양자물리학에서 고전 물리학을 추론할 수 있다는 것이 물리학자들의 통상적인 견해이다. 그러나 나는 좀 다른 주장을 하고 싶다. 실제로는 아무도 양자물리학에서 고전 물리학을 유도하지 않는다. 상황에 따라 둘 중 **한 가지만** 사용할 뿐이다. 곤란하게도 이것은 고대 그리스인들의 세계관과 닮았다. 그들에게는 지구상에서 적용되는 법칙과 하늘에서 적용되는 법칙, 즉 두 가지 법칙이 있었다. 두 가지 법칙을 통합해서 하나의 물리학으로 이해한 것은 갈릴레오와 뉴턴 견해의 강점이었다. 우리는 지금 양자 수준의 법칙과 고전 수준의 법칙이 분리된 그리스적 상황으로 되돌아가 있는 것 같다.

'그림 2.1'에서 오해하지 말아야 할 것이 있다. 나는 '고전 수준'이라는 표시 뒤에 뉴턴, 맥스웰, 아인슈타인의 이름을 넣고 나서 '결정론적'이라고 적었는데, 이것은 그들 자신이 우주가 결정론적이라고 믿었다는 뜻은 아니다. 아인슈타인은 그렇게 믿은 것으로 보였지만, 뉴턴과 맥스웰은 그렇지 않았다고 생각하는 것이 타당하다. 이 그림에 나오는 '결정론적 또는 계산 가능(?)'이라는 말은 그 과학자들의 이론에만 해당되고 그들의 견해에는 해당되지 않는다. '양자 수준'이라고 붙인 상자에는 '슈뢰딩거의 방정식'이라는 단어를 넣었는데, 물론 슈뢰딩거 자신이 이 방정식으로 모든 물리학을 서술할 수 있다고 믿었다는 것은 확실히 아니다. 이 점에 대해서는 나중에 다시 말하겠다. 말하자면, 그 사람의 이름을 딴 이론과 그 사람은 완전히 별개의 문제이다.

그런데 진정으로 '그림 2.1'처럼 전혀 다른 두 가지 수준이 존재하는가? 확실히 우리는 다음과 같이 질문할 수 있다. "우주는 양자역학 법칙에만 정확하게 지배를 받는가? 우리는 양자역학만으로 우주 전체를 설명할 수 있는가?" 이 질문에 답하려면 우선 양자역학에 대해 조금 알아보아야 한다. 먼저 양자역학이 설명할 수 있는 것들을 간단히 몇 가지 적어 보자.

- **원자의 안정성**. 양자역학이 발견되기 전까지는 왜 원자 속의 전자가 나선을 그리면서 핵 속으로 추락하지 않는지 이해할 수 없었다. 고전 물리학 수준에서 안정된 원자는 존재하지 않는다.
- **스펙트럼 선**. 원자 속에 양자화된 에너지 준위가 있고 그 준위들 사이에서 천이(遷移)가 일어나기 때문에, 우리가 관측하는 정확한 파장을 가진 방출선이 생긴다.

- **화학적인 힘**. 분자들을 묶어 놓는 힘은 순전히 양자역학적이다.
- **흑체 복사**. 흑체 복사의 스펙트럼은 복사 자체가 양자화되었을 때만 이해할 수 있다.
- **유전의 신뢰성**. DNA는 분자 수준에서 양자역학에 의존한다.
- **레이저**. 레이저의 작동은 분자의 양자역학적 상태들 사이의 양자 천이가 유도에 의해 일어날 수 있다는 사실과 빛의 양자론적 (보제 — 아인슈타인) 성질에 의존한다.
- **초전도체**(일정한 온도 이하로 내려가면 전기적 저항이 없어지는 물질 —— 옮긴이)와 **초유체**(일정한 온도 이하로 내려가면 점성이 없어지는 유체 —— 옮긴이). 이것은 매우 낮은 온도에서 나타나는 현상으로, 다양한 물질 속에서 전자들(또는 다른 입자들) 사이의 장거리 양자 상관관계와 관련된 현상이다.
- 기타 등등

다시 말해, 양자역학은 일상생활이든 컴퓨터와 같은 첨단 기술이든 간에 모든 곳에서 나타난다. 양자역학과 아인슈타인의 특수 상대성 이론을 결합한 **양자장론**도 역시 입자물리학을 이해하는 데 기본적인 이론이다. 앞에서 말한 것처럼, 양자장론은 대략 10^{11}분의 1까지 정확한 것으로 알려져 있다. 위에 나열한 것들은 양자역학이 얼마나 놀랍고 강력한지 잘 보여 준다.

양자역학이 무엇인지에 대해 좀 더 말하겠다. '그림 2.2'는 양자역학의 전형적인 실험이다. 양자역학에 따르면, 빛은 **광자**라고 불

Roger Penrose •

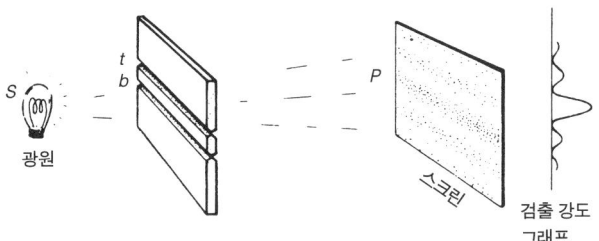

그림 2.2 단색광의 광자를 한 개씩 통과시키는 이중 슬릿 실험.

리는 입자들로 구성되어 있고, 그림에는 한 번에 하나씩 광자를 방출하는 광원이 있다. 거기에는 두 슬릿 t와 b가 있고, 그 뒤에 스크린이 있다. 광자들은 스크린에 개별적인 사건으로 도착해서, 마치 보통의 입자들처럼 따로따로 탐지된다. 그리고 이상한 양자적 현상이 다음과 같이 나타난다. 슬릿 t만 열려 있고 다른 것은 닫혀 있다면, 스크린 상에는 광자가 도달할 장소가 많이 있다. 이번에는 슬릿 t를 닫고 슬릿 b를 열면, 마찬가지로 광자는 스크린 상에서 같은 점에 도착할 수 있다. 그러나 두 슬릿을 모두 열면, 한쪽 슬릿만 열 때 광자가 검출되는 지점에서 이때는 스크린에 검출되지 않는 곳이 생긴다. 어떻게 보면, 광자에 가능한 두 가지 현상이 서로 상쇄되는 것처럼 보인다. 고전 물리학에서는 이런 현상이 일어나지 않는다. 하나가 일어나거나 아니면 다른 현상이 일어난다. 가능한 두 가지 현상이 공모해서 서로 상쇄하여 지워 없앤다는 것은 있을 수 없는 일이다.

이 실험 결과를 양자론으로 이해하는 방법은, 광자가 광원에서

2장 ▪ 양자물리학의 미스터리 • 83

스크린으로 가는 길은 두 슬릿 중 하나를 통과하는 것이 아니라 **복소수**를 가중치로 가지는 이상한 비율로 두 슬릿을 통과한다는 것이다. 즉, 광자의 상태를 다음과 같이 쓸 수 있다.

$$\mathbf{w} \times (경로 A) + \mathbf{z} \times (경로 B)$$

이때 **w**와 **z**는 복소수이다. (여기에서 '경로 A'는 '그림 2.2'에서 광자가 위쪽 슬릿을 통과하는 것이고, '경로 B'는 아래쪽 슬릿을 통과하는 것이다.)

여기에서 두 경로에 곱한 숫자가 복소수라는 것이 중요하다. 이것이 상쇄가 일어나는 이유이다. 광자가 두 슬릿 중 하나를 통과하는 확률로 광자의 이동을 말할 수 있다고 생각하기 쉬운데, 이렇게 하면 **w**와 **z**가 실수 값을 가지는 확률 가중치가 된다. 그러나 **w**와 **z**는 복소수이기 때문에, 이 해석은 옳지 않다. 이것이 양자역학에서 중요한 점이다. 양자 입자의 파동성은 가능한 상태들의 '확률파'로 설명할 수 없다. 이것은 가능한 상태들의 **복소 파동**이다! 복소수라는 것은 보통의 실수와 함께 -1의 제곱근, 즉 $i = \sqrt{-1}$을 가진다. 복소수는 '그림 2.3(a)'처럼 실수 부분은 x축으로, 허수 부분은 y축으로 그려서 평면에 나타낼 수 있다. 일반적으로 복소수는 $2 + 3\sqrt{-1} = 2 + 3i$처럼 실수와 허수의 조합이고, 이것을 '그림 2.3(a)'처럼 평면의 한 점으로 나타낼 수 있는데, 이것을 아르강 도형(Argand diagram, 베셀(Wessel) 평면 또는 가우스 평면)이라고도 부른다.

Roger Penrose •

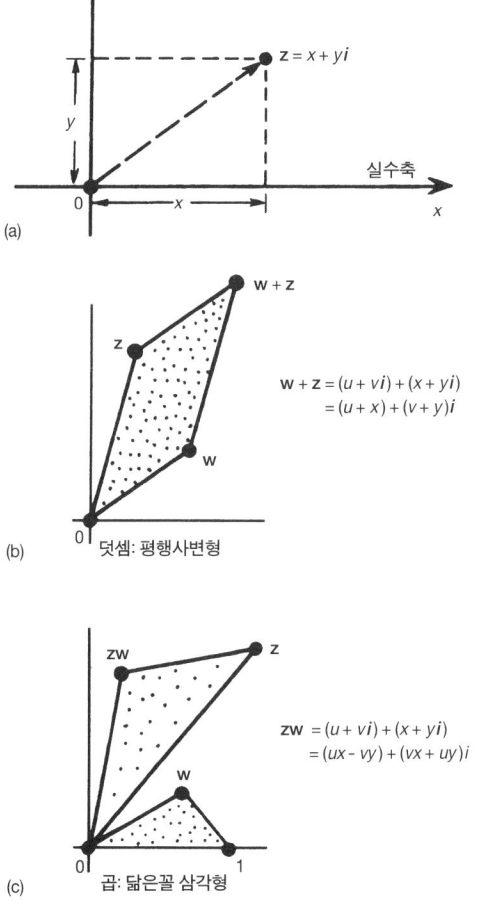

그림 2.3 (a) (베셀-아르강-가우스) 복소 평면에서 복소수의 표현. (b) 복소수 덧셈의 기하학적 표현. (c) 복소수 곱셈의 기하학적 표현.

2장 ▪ 양자물리학의 미스터리 • 85

각 복소수는 '그림 2.3(a)'에서 한 점으로 나타낼 수 있고, 덧셈이나 곱셈 같은 여러 가지 연산도 가능하다. 예를 들어 복소수를 더하려면 '그림 2.3(b)'처럼 실수부와 허수부를 따로 더하는 평행사변형 규칙을 이용한다. 또한 곱셈은 '그림 2.3(c)'처럼, 닮은꼴 삼각형 규칙을 이용한다. '그림 2.3'과 같은 도형들에 친숙해지면 복소수는 추상적인 대상이 아니라 훨씬 더 구체적인 것이 된다. 이러한 수가 양자론의 기초를 이루기 때문에, 사람들은 양자론이 추상적이고 알 수 없다고 생각하기도 하지만, 일단 복소수를 사용해 보고, 특히 아르강 도형 위에서 이것을 가지고 놀아 본 다음에는, 복소수가 매우 구체적인 대상이 되어서 더 이상 두려워할 필요가 없다.

그러나 양자론에는 단순히 복소수로 가중치를 가진 상태들의 중첩 이상의 것이 있다. 지금까지 우리는 양자 수준에 머물러 있었고, 여기에서는 내가 U(unitary, 일원)라고 부르는 규칙이 적용된다. 이 수준에서 계의 상태는 모든 가능한 상태에 복소수가 곱해진 것들의 중첩으로 주어진다. 양자 상태의 시간적 진행을 일원 진행(또는 슈뢰딩거 진화)이라고 부르는데, U라는 것은 사실 이것을 나타낸다. U의 중요한 성질은 이것이 **선형**(線型)이라는 것이다. 이것은 중첩된 상태의 시간적 진행이 두 상태가 개별적으로 진행된 다음에 중첩시킨 것과 같다는 뜻이고, 이때 복소수 가중치는 **시간이 지나도 변하지 않는다.** 이러한 선형성은 슈뢰딩거 방정식의 기본 특징이다. 양자 수준에서는 복소수 가중치를 가진 이 중첩이 항상 유지된다.

그러나 고전적 수준으로 무엇인가를 확대하면 **규칙이 바뀐다**. 고전적 수준으로 확대한다는 것은 '그림 2.1'에서 U 수준의 최상위에서 C 수준의 최하위로 간다는 것이다. 물리적으로 이것은 예를 들어, 스크린 위에서 우리가 한 점을 관측할 때 일어난다. 미시적인 양자적 사건이 고전적 수준에서 실제로 관찰할 수 있는 어떤 거시적인 사건을 일으키는 것이다. 지금 우리가 하는 일은 표준 양자론에서 사람들이 말하기를 꺼리는 어떤 것을 선반에서 끌어내리는 것이다. 이것을 **파동함수의 붕괴(collapse of the wavefunction)** 또는 **상태 벡터의 오그라듦(reduction of the state vector)**이라고 부르는데, 나는 이것을 R라는 문자로 나타내겠다. 이때는 일원 진행과 전혀 다른 일이 일어난다. 즉 두 경로들의 중첩에서 두 복소수의 절댓값의 제곱을 취하는데, 이것은 아르강 평면에서 두 점의 원점까지 거리의 제곱을 의미하며, 이 두 절댓값의 제곱은 두 경로의 확률의 비이다. 그러나 이것은 '측정할 때' 또는 '관측할 때'만 일어난다. 이것은 '그림 2.1'처럼 U 수준에서 C 수준으로 현상을 확대할 때 일어나는 과정으로 생각할 수 있다. 이 과정에서 규칙이 바뀐다. 이제 선형 중첩은 더 이상 유지되지 않는다. 갑자기 제곱의 비가 확률이 된다. 비결정성이 도입되는 것은 이렇게 U 수준에서 C 수준으로 갈 때뿐이다. 이 비결정성은 **R**와 함께 나타난다. U 수준에서는 모든 것이 결정론적이다. 양자역학에서는 '측정'이라고 불리는 일을 할 때만 비결정성이 도입된다.

이것이 표준 양자역학에서 사용하는 도식이다. 그것은 기본 이론으로서는 매우 이상한 체계이다. 이것이 더 기본적인 이론의 근사에 불과하다면 말이 될 것 같지만, 이 혼합 과정은 그 자체로 모든 전문가들에 의해 기본 이론으로 간주된다!

복소수에 대해 조금 더 설명해야겠다. 복소수는 절댓값을 제곱해서 확률이 되기 전까지는 매우 추상적인 것처럼 보인다. 그러나 사실상 복소수의 성질은 매우 기하학적이다. 여기에서 복소수의 의미를 좀 더 또렷하게 할 수 있는 예를 들겠다. 그런데 먼저 양자역학에 관해 좀 더 말해야겠다. 지금부터 나는 디랙 괄호라고 불리는, 웃기게 생긴 꺾음 괄호($|\ \rangle$)를 사용하겠다. 이것은 단순히 계의 상태를 간략하게 표현하는 부호이다. $|A\rangle$는 계가 A의 상태에 있다는 뜻이다. 이 괄호 속에는 양자 상태를 설명하는 어떤 것을 집어넣는다. 계의 양자역학적 상태 전체를 나타낼 때는 대개 ψ라는 기호를 쓰는데, 이것은 다른 상태들의 중첩이고, 이중 슬릿 실험의 경우에 다음과 같이 쓸 수 있다.

$$|\psi\rangle = \mathbf{w}|A\rangle + \mathbf{z}|B\rangle$$

이제, 양자역학에서 우리는 수의 크기에는 관심이 없고, 수의 비에만 관심이 있다. 양자역학에서는 어떤 상태에 복소수를 곱해도 (그 복소수가 0이 아닌 한) 물리적 상황이 변하지 않는다는 규칙이 있다. 다른 말로 하자면, 직접적인 물리적 의미를 가지는 것은 복소수들의 비(比)뿐이다. **R**가 일어나면 확률이 나타나고, 이것은 절댓값의 제곱의 비이지만, 양자 수준에 머물러 있는 한 절댓값을 취하기 전의 복소수의 비 그 자체가 의미를 가진다. **리만 구**는 구 위

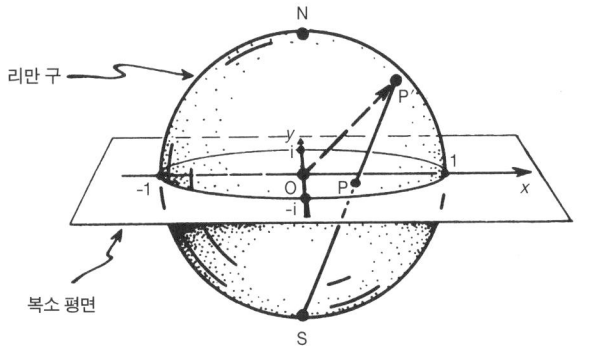

그림 2.4 리만 구. 복소 평면 상에서 $\mathbf{u}=\mathbf{z}/\mathbf{w}$를 나타내는 점 P가 구 위에 남극 S로부터 점 P′로 투영된다. 그 구의 중심인 O에서 OP′로 가는 방향은 스핀 $\frac{1}{2}$인 입자의 두 스핀 상태가 중첩된 축의 방향이다.

에서 복소수를 나타내는 한 가지 방법이다(그림 1.10(c)). 조금 더 정확하게 말하자면, 우리는 복소수를 그대로 다루는 것이 아니라 복소수의 비를 다룬다. 비를 다룰 때는 분모가 0이 되는 것에 주의해야 하는데, 이 경우에는 비의 값이 무한대가 되기 때문이다. 그러나 우리는 이 경우도 다룰 수 있어야 한다. 우리는 복소수를 무한대까지 포함해서 깔끔한 사영으로 구에 나타낼 수 있고, 이제 아르강 평면은 이 구의 적도 평면이 되며, 교차하는 부분은 이 구의 적도인 단위원이 된다(그림 2.4). 분명히 우리는 적도 평면의 모든 점을 남극에서 투영하여 리만 구로 보낼 수 있다. 그림에서 보듯이, 리만 구의 남극은 이 투영에서 아르강 평면의 무한대에 해당한다.

만일 한 양자계가 두 가지 상태를 가지면, 이 두 가지가 결합되어 만들어지는 모든 상태를 하나의 구로 나타낼 수 있고, 이 단계에서 이 구는 추상적인 대상이지만, 이 구를 실제로 볼 수 있는 상황이 있다. 나는 다음의 예를 특별히 좋아한다. 전자, 양성자, 중성자 같이 스핀 $\frac{1}{2}$인 입자가 있으면, 이 입자의 다양한 스핀 상태를 기하학적으로 나타낼 수 있다. 스핀(보통 각운동량은 물체가 회전할 때 생기는 물리량이나, 스핀은 소립자의 경우에 물체가 가지는 고유의 각운동량이다 —— 옮긴이) $\frac{1}{2}$인 입자는 두 가지 스핀 상태를 가지는데, 하나는 회전 벡터가 위를 향하고(up 상태) 다른 하나는 회전 벡터가 아래를 향한다(down 상태). 두 상태의 중첩은 다음과 같이 쓸 수 있다.

$$\left| \,⊗\, \right\rangle = w \left| \,↿\, \right\rangle + z \left| \,⇂\, \right\rangle$$

이것은 두 스핀이 조합되면 다른 축 주위를 돈다는 것인데, 이 축의 방향을 알고 싶다면 복소수 w와 z의 비를 알아야 하고, 이것은 또 다른 복소수 u = z/w가 된다. 이 새로운 복소수 u를 리만 구에 투영하면 중심에서 투영된 점을 향하는 방향이 스핀의 축이다. 이렇게 해서 양자역학의 복소수는 처음에 느껴진 것처럼 추상적이지 않음을 알 수 있다. 복소수는 구체적인 의미를 가진다. 가끔 이 의미를 잡아내기 어려울 때도 있지만, 스핀 $\frac{1}{2}$인 입자의 경우에는 그 의미가 명백하다.

스핀 $\frac{1}{2}$인 입자를 분석하면 그 밖의 다른 것도 알 수 있다. 스핀에서 위(up)와 아래(down)라는 방향은 전혀 특별한 방향이 아니다. 축의 방향은 내 마음대로 오른쪽과 왼쪽 또는 앞과 뒤 등 어떻게 잡아도 좋다. 이것은 어떤 두 상태로 시작하든 관계가 없다는 것을 보여준다. (두 스핀 상태가 서로 반대이기만 하면 된다.) 양자 역학의 규칙을 따르면, 다른 모든 스핀 상태는 내가 선택한 두 스핀 상태만큼 좋은 기반 위에 있다. 이 예는 이런 점을 분명히 보여 준다.

양자역학은 아름답고 명쾌한 주제이다. 그러나 양자역학은 알 수 없는 면도 많이 있다. 그것은 확실히 알쏭달쏭한 주제이며, 다양한 방식으로 수수께끼 같거나 역설적인 주제이다. 나는 양자역학에 **두 종류**의 미스터리가 있다고 강조하고 싶다. 이것을 Z 미스터리와, X 미스터리라고 하자.

Z 미스터리는 퍼즐(puZZle) 미스터리이다. 이것은 확실히 물리 세계에 있는 것으로, 다시 말해 양자역학이 이런 이상한 방식으로 움직인다고 말해 주는 실험들이 있다. 아마도 이 효과들 중 몇 가지는 아직 충분히 검증되지 않았는지 모르지만, 양자역학이 옳다는 것을 의심하는 사람은 거의 없다. 앞에서 말한 적이 있는 **파동 입자 이중성**, 잠시 후에 말할 **무효과 측정**(null measurement), 방금 말한 **스핀**, 역시 잠시 뒤에 다룰 **비국소성** 같은 현상이 Z 미스터리에 해당한다. 이것들은 진정으로 우리를 알쏭달쏭하게 하는 현상이지만, 여기에 뭔가 잘못이 있다고 말하는 사람은 거의 없다. 이것들은 확실히 자연의 일부이다.

그러나 내가 X 미스터리라고 부르는 것은 상황이 다르다. 이것들은 역설(paradoX) 미스터리이다. 내 생각에 이것은 이론이 불완전하거나 틀린 그런 것을 가리킨다. 여기에 대해서는 좀 더 주목해야 한다. 본질적으로 X 미스터리는 앞에서 말한 **측정 문제**, 즉 우리가 양자 수준에서 나와서 고전 수준으로 넘어갈 때 규칙이 **U**에서 **R**로 변한다는 사실과 관련있다. 크고 복잡한 양자계가 어떻게 움직이는지 우리가 더 잘 이해하려면 왜 이런 R 과정이 일어나는지, 어쩌면 근사나 착각이라고 설명할 수 있을까? X 미스터리들 중 가장 유명한 것은 **슈뢰딩거의 고양이**이다. 이 실험에서(먼저 슈뢰딩거는 매우 인간적인 사람이었기 때문에, 이것은 물론 사고 실험일 뿐임을 강조한다) 고양이는 죽어 있기도 하고 동시에 살아 있기도 한 상태이다. 우리는 이런 고양이를 실제로 보지는 못한다. 조금 후에 이 문제에 관하여 더 말하겠다.

내 생각에 우리는 Z 미스터리를 끌어안고 단잠을 자는 법을 배워야 하지만, 더 나은 이론이 나오면 X 미스터리는 빨리 없어져야 한다. 이것은 X 미스터리에 대한 나만의 견해임을 강조해야겠다. 다른 많은 사람들은 양자론의 (겉보기에?) 미스터리를 다른 관점에서 또는 **여러 가지 다른** 관점에서 본다.

좀 더 심각한 X 미스터리의 문제로 가기 전에, Z 미스터리에 관해 몇 가지를 말하겠다. 여기에서는 Z 미스터리들 중 가장 놀랄 만한 것 두 가지에 대해 말하겠다. 그중 하나는 **양자 비국소성** 문제 또는 **양자 얽힘**이라고 부르는 것이다. 이것은 매우 특별한 것이다. 이 문제는 원래 아인슈타인(E)과 그의 동료인 보리스 포돌스키(P), 나단 로젠(R)이 함께 제안해서 EPR 실험이라고 알려져 있다. 아마도 이것을 가장 이해하기 쉽게 만든 것은 데이비드 봄(David Bohm)의 해석일 것이다. 스핀 0인 입자가 있어서 이것이 스핀 $\frac{1}{2}$인 두 입자로, 예를 들어 전자와 양전자로 쪼개져서 서로 반대 방향으로 날아 간다고 하자. 우리는 멀리 떨어진 두 점 A와 B에서 이 두 입자의 스핀을 각각 잰다. 존 벨(John Bell)의 유명한 정리에 따르면, 두 점 A와 B에서 결합 확률 측정의 양자역학적 기대값과 '국소적 실재론' 모형 사이에는 모순이 있다. 내가 말하는 '국소적 실재론' 모형이란, A에 있는 전자와 B에 있는 양전자는 서로 각각 분리되어 있는 별개의 것이어서 어떤 방법으로든 서로 연결되어 있지 않은 모형을 말한다. 그러면 이 가설에서, A와 B에서의 결합 확률 측정은 양자역학과 모순되는 결과가 나온다. 존 벨은 이것을 명확하게 보여 주었다. 이것은 매우 중요한 결과이고, 파리에서 알랭 아스페(Alain Aspect)가 한 것과 같은 후속 실험들은 양자역학의 이러한 예측을 확인했다. '그림 2.5'에 그려져 있는 이 실험은 중심의 광원에서 서로 반대 방향으로 방출된 광자 쌍의 편광 상태를 따진다.

편광이 어느 방향으로 측정될지는 광원에서 A와 B의 검출기로 광자가 완전히 다 날아오기 전까지는 결정되지 않는다. 존 벨과 대부분의 사람들이 믿었던 바와 같이, A와 B에서 측정된 광자의 편광 상태에 대한 결합 확률이 양자역학에서 예측한 것과 일치한다는 사실은 실험 결과가 분명히 보여 준다. 그러나 이것은 두 광자가 완전히 분리된 독립적인 물질이라는 가정에 어긋난다. 아스페의 실험은 대략 12미터의 거리에서 양자 얽힘을 보여 주었다. 지금은 비슷한 효과를 수 킬로미터의 거리에서 일으키는 양자 암호 실험이 있다는 말을 나는 들었다.

멀리 떨어진 두 점 A와 B에서 **비국소성** 효과가 일어나기는 하지

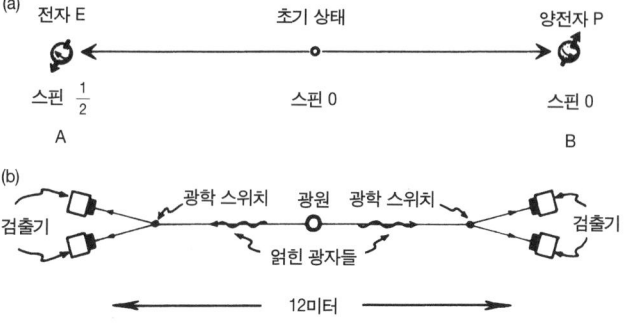

그림 2.5 (a) 스핀 0인 입자가 스핀 $\frac{1}{2}$ 입자인 전자 E와 양전자 P로 붕괴한다. 이 두 입자 중 하나의 스핀을 측정하면, 즉시 다른 하나의 스핀 상태를 알 수 있다. (b) 알랭 아스페와 동료들의 EPR 실험. 광자 쌍이 얽힌 상태로 광원에서 방출된다. 각 광자의 편광이 측정되는 방향은 광자가 검출기에 도달한 다음에야 결정된다. 즉 반대편 광자에 편광의 측정 방향에 대한 메시지를 보내기에는 너무 늦다.

만, 이것은 아주 이상한 방식으로 서로 연결되어 있다는 것을 강조해야겠다. 이것은 아주 미묘한 방식으로 연결되어(또는 **얽혀**) 있어서, 이것을 이용하여 A에서 B로 신호를 보낼 수는 없다. 이것은 양자론과 상대성 이론의 정합성에 매우 중요하다. 그렇지 않으면 양자 얽힘을 이용해서 빛보다 빠르게 메시지를 전달할 수 있게 될 것이다. 양자 얽힘은 매우 이상한 것이다. 그것은 서로 떨어져 있는 것과 서로 교신하는 것들 사이의 어딘가에 있다. 그것은 순전히 양자역학적 현상이고 고전 물리학에는 그와 비슷한 것이 전혀 없다.

Z 미스터리의 두 번째 예는 **무효과 측정**에 관한 것으로, 엘리추어-베이드만의 폭탄 검사 문제로 잘 설명된다. 당신이 테러리스트이고, 많은 폭탄을 가지고 있다고 하자. 각 폭탄은 끝부분에 초

고감도 뇌관이 있는데, 그것이 얼마나 민감하냐 하면 끝부분에 붙어 있는 작은 거울에 광자 하나만 반사되어도 폭탄이 터지게 되어 있다. 그런데 폭탄들 중에는 불발탄도 꽤 많다. 이들은 특별한 방식의 불발탄이다. 생산 과정에서 거울의 테두리가 유연성을 잃고 딱딱하게 굳어서 광자가 반사되어도 폭탄이 터지지 않는다(그림 2.6(a)). 중요한 점은 불발탄의 끝부분에 붙어 있는 거울이 기폭 장치의 일부분으로 작동하지 못하고 보통의 고정된 거울처럼 작동한다는 것이다. 그래서 문제는, 많은 불발탄이 섞여 있는 폭탄 창고에서 품질이 보장되는 좋은 폭탄을 찾는 것이다. 고전 물리학에서는 이것을 할 수 있는 방법이 전혀 없다. 폭탄을 검사하는 유일한 방법은 뇌관을 건드려서 폭탄이 터지는지 보는 것뿐이다.

일어날 수 있었지만 일어나지 않은 일을 양자역학에서 알아낼 수 있다는 것은 참으로 희안한 일이다. 이것은 철학자들이 반사실(反事實, 반대가 되는 사실이 틀렸다는 것을 증명함으로써 원래의 사실이 맞다는 것을 보임 —— 옮긴이)이라고 부르는 것을 검사한다. 양자역학에서 반사실에 의해 실제의 효과가 나타난다는 것은 놀라운 일이다!

이 문제를 어떻게 풀 수 있는지 알아보자. '그림 2.6(b)'는 1993년에 엘리추어와 베이드만이 내놓은 풀이 그대로이다. 불발탄이 있다고 하자. 불발탄에 붙어 있는 거울은 보통의 고정된 거울이어서, 광자가 와서 부딪쳐도 흔들리지 않고 폭발도 없다. 이 불발탄을 '그림 2.6(b)'의 장치에 설치한다. 광자 하나가 방출되어 먼저 반만 도금된 거울을 만난다. 이 거울은 도달한 빛의 반만 투과시키

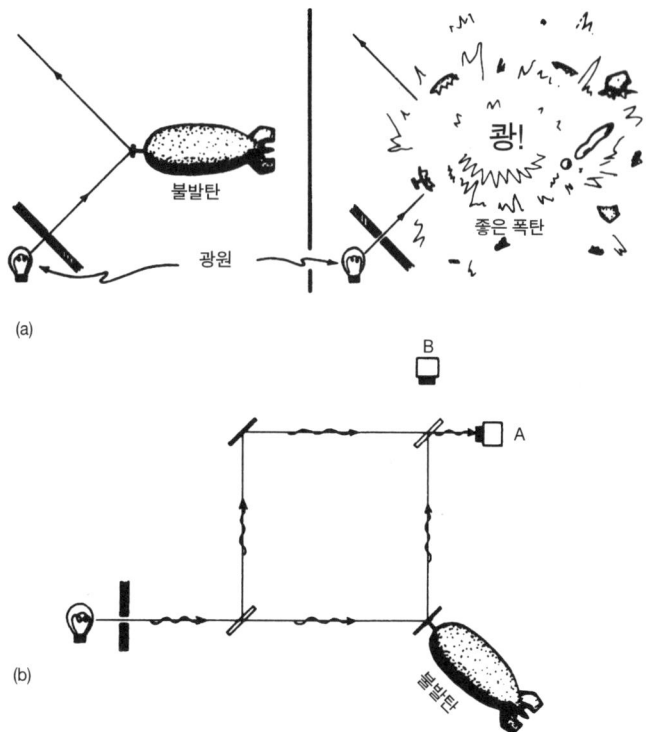

그림 2.6 (a) 엘리추어-베이드만 폭탄 검사 문제. 폭탄의 초고감도 뇌관은(고장이 나지 않았다면) 광자 하나의 충격에도 반응한다. 문제는 불발탄이 섞여 있는 폭탄들 중에서 품질이 보장되는 좋은 폭탄을 찾는 일이다. (b) 불발탄들 속에서 좋은 폭탄을 찾는 장치. 좋은 폭탄이면 오른쪽 아래의 거울이 측정 장치의 역할을 한다. 광자가 다른 길로 가면 B의 검출기에서 탐지된다. 불발탄의 경우에는 이런 일이 일어날 수 없다.

고 반은 반사시킨다. 이것은 거울에 부딪힌 광자들 중 반이 통과하고 반은 반사된다고 생각할 수 있다. 그러나 양자 수준의 광자 하나에 대해서는 전혀 이렇게 될 수 없다. 사실상, 광원에서 개별적으로 방출된 광자 하나하나는 가능한 두 가지 경로(투과와 반사)의 중첩 상태에 있게 된다. 폭탄의 거울은 투과한 광자 빔의 경로에 45도로 비스듬하게 놓여 있다. 반거울에 반사된 광자 빔은 역시 45도로 놓인 완전히 도금된 거울을 또 하나 만나고, 그 다음에 두 빔이 마지막 반거울에 함께 도착한다(그림 2.6(b)). 거기에는 A와 B 두 곳에 검출기가 있다.

불발탄이 설치되어 있을 때 광원에서 방출된 광자 하나에 어떤 일이 벌어질지 생각해 보자. 광자가 첫 번째 반거울을 만나면, 광자의 상태는 분리된 두 상태로 나뉘는데, 하나는 반거울을 투과해 불발탄을 향해 가고, 다른 하나는 반사되어 고정된 거울을 향해 간다. (광자가 갈 수 있는 두 가지 가능한 경로의 중첩은 '그림 2.2'의 이중 슬릿 실험에서 일어나는 중첩과 정확히 똑같다. 두 스핀의 중첩도 본질적으로 같은 현상이다.) 그리고 첫 번째 반거울에서 두 번째 반거울까지 경로의 길이가 정확히 같다고 가정한다. 검출기에 도착할 광자의 상태를 알기 위해서는 두 경로가 어떻게 중첩되는지 비교해야 한다. 두 경로는 B에서 상쇄되고 A에서 보강된다는 것을 알 수 있다. 따라서 검출기 A는 작동하고 B는 절대로 작동하지 않는다. 이것은 '그림 2.2'에서 보인 간섭 무늬와 마찬가지이다. 두 가지 양자 상태가 서로 상쇄되어 광자가 전혀 검출되지 않는 곳이 생기는 것이다. 따라서 불발탄에 반사를 시키면, 항상 검출기 A가

작동하고 B는 절대로 작동하지 않는다.

이번에는 좋은 폭탄을 설치한다고 하자. 그러면 폭탄의 끝부분에 붙은 거울은 더 이상 고정된 거울이 아니고, 흔들릴 수 있기 때문에 이 폭탄이 **측정 장치**가 된다. 이제 폭탄은 광자가 어느 쪽으로 갈지 거울로 측정하는 장치가 된다. 거울은 광자가 도착하거나 도착하지 않은 두 상태에 있을 수 있다. 광자가 첫 번째 반거울을 투과해서 폭탄에 붙은 거울로 간다고 하자. 그러면, 쾅! 하고 폭탄이 터진다. 우리는 이 폭탄을 잃어버렸다. 그러면 우리는 새 폭탄을 갖다 놓고 다시 해 본다. 어쩌면 이번에는, 폭탄은 광자가 도착하지 않았다고 측정할지도 모른다. 그러면 폭탄은 터지지 않고, 광자가 다른 길로 갔음이 측정된다. (이것이 무효과 측정이다.) 이렇게 해서 광자가 두 번째 거울에 도달하면, 이것은 똑같이 투과하거나 반사할 수 있어서 B에서도 검출될 수 있다. 그래서 좋은 폭탄인 경우 광자가 때때로 B에서 검출되어, 광자가 폭탄을 비껴 갔음을 알려 준다. 여기에서 핵심은, 좋은 폭탄이 설치되었을 때는 폭탄이 측정 장치로 작용하여, 광자가 실제로 폭탄을 건드리지 않았음에도 불구하고, 좋은 폭탄이라는 사실만으로도 B에서 검출되지 못하게 상쇄하는 효과를 방해한다(**무효과 측정**). 광자가 한쪽 길로 오지 않았다면, 다른 길로 왔어야 한다! 광자가 B에서 검출되면, 폭탄이 측정 장치로 작동했다는 뜻이므로, 이것은 좋은 폭탄임을 뜻한다. 게다가 좋은 폭탄인 경우에는 때때로 B 검출기에서 광자가 검출되고 폭탄은 터지지 않는다. 이것은 좋은 폭탄일 때만 가능한 일이다. 광자가 다른 길로 갔음을 폭탄이 측정했기 때문에 우리는 그것이 좋은 폭탄임을 안다.

이것은 진짜로 이상한 일이다. 1994년에 안톤 자일링거(Anton Zeilinger)는 옥스퍼드를 방문하여 그가 정말로 그 폭탄 검사 실험을 해 보았다고 내게 말했다. 물론 그와 그의 동료들은 폭탄을 쓰지 않았고 원리상 그 비슷한 것을 썼다. 먼저 자일링거는 확실히 테러리스트가 아니라고 강조해야겠다. 그는 그때 나에게 동료들인 폴 퀴아트(Paul G. Kwiat), 하랄트 바인푸르터(Harald Weinfurter), 마크 카세비치(Mark Kasevich)와 함께 실제로 폭탄을 하나도 터뜨리지 않으면서 검사할 수 있는 개선된 방법으로 이 실험을 했다고 말했다. 이 실험은 훨씬 더 복잡하고 정교하므로 이것이 어떻게 가능한지는 설명하지 않겠다. 0에 가까운 아주 적은 양이 소모될 수도 있지만, 실제로 전혀 소모 없이 좋은 폭탄을 찾아낼 수도 있다.

여기에 대해서는 독자들이 생각해 보도록 남겨 두겠다. 이러한 예들은 양자역학과 Z 미스터리의 이상한 성질들을 보여 준다. 내 생각에 몇몇 사람들이 이런 것들에 최면을 당한다는 것도 한 가지 문제이다. 그들은 "맙소사, 양자역학은 정말 놀라워"라고 말하며, 실제로 이 말은 옳다. 양자역학은 Z 미스터리들을 실제 현상으로 포함할 정도로 놀랍다. 그래서 사람들은 X 미스터리도 받아들여야 한다고 생각하지만, 내 생각에 이것은 틀렸다!

슈뢰딩거의 고양이로 돌아가자. '그림 2.7'에서 보여 준 사고 실험은 원래 슈뢰딩거가 고안한 것과는 꽤 다르지만, 우리의 목적에는 더 적합하다. 여기에서도 광원과, 광자를 반사하는 상태와 투과하는 상태의 중첩으로 만드는 반거울이 있다. 투과한 광자가 가는

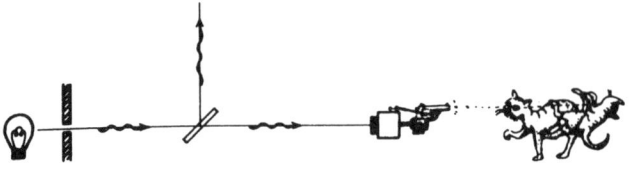

그림 2.7 슈뢰딩거의 고양이. 이 양자 상태는 광자가 반사하는 상태와 투과하는 상태의 선형 중첩이다. 투과한 성분은 고양이를 죽이는 장치의 방아쇠를 당기게 되므로, U 진화에 따라 고양이는 삶과 죽음이 중첩된 상태로 존재한다.

곳에는 검출기가 있어서 광자가 검출되면 고양이를 죽이는 총을 쏘도록 되어 있다. 이 고양이를 측정의 끝지점이라고 생각해도 좋다. 이제 우리는 양자 수준에서 고양이가 살아 있거나 죽어 있거나 하는 보통 물체의 수준으로 올라왔다. 그러나 문제는, 우리가 양자 수준을 고양이의 수준에 이를 때까지 옳다고 간주한다면, 우리는 고양이의 실제 상태가 죽은 상태와 살아 있는 상태의 중첩이라고 믿어야 한다. 요점은, 광자는 이 길 아니면 저 길로 가는 상태의 중첩에 있고, 검출기도 켜지거나 꺼진 상태의 중첩에 있고, 고양이도 죽어 있거나 살아 있는 상태의 중첩에 있다는 것이다. 이 문제는 오래전부터 알려져 왔다. 사람들은 여기에 대해 어떻게 말할까? 틀림없이 양자물리학자의 수보다 더 많은, 양자역학에 대한 견해들이 있을 것이다. 어떤 양자물리학자들은 동시에 다른 견해들을 가지기 때문에 이것은 모순이 아니다.

나는 밥 월드(Bob Wald)의 멋진 만찬용 발언을 기준으로 이 견해들을 대략적으로 분류하고 싶다. 그는 이렇게 말했다.

100

— Roger Penrose •

만일 당신이 진짜로 양자역학을 **믿는다면**, 당신은 그것을 **진지하게** 받아들일 수 없다.

나는 이 말이 양자역학과 그것에 관한 사람들의 태도에 대해 매우 옳고도 심오한 발언이라고 생각한다. 나는 '그림 2.8'에서 양자물리학자들을 여러 가지 범주로 나누었다. 특히 나는 그들을 **믿는** 사람과 **진지한** 사람으로 크게 나누었다. 여기에서 진지하다는 것은 무슨 뜻인가? 진지한 사람들은 상태 벡터 $|\psi\rangle$가 실제 세계를 서술하는 것으로 본다. 그들에게 상태 벡터는 실제이다. 양자역학을 '진짜로' 믿는 사람들은 이것이 양자역학에 맞는 태도라고 생각하지 않는다. 나는 여러 사람들의 이름을 이 그림에 넣었다. 내가 아는 한, 닐스 보어와 코펜하겐 학파는 진짜로 믿는 사람들이다. 보어는 확실히 양자역학을 믿었으나, 그는 상태 벡터가 세계를 기술하는 것으로 진지하게 받아들이지는 않았다. $|\psi\rangle$는 얼마간 마음속에만 있고, 이것은 우리가 세계를 기술하는 방식이기는 하지만 세계 그 자체는 아니라는 것이다. 그리고 이것은 존 벨이 '모든 실질적인 목적을 위하여(For All Practical Purposes)'라는 뜻으로 FAPP라고 말한 것과도 연결된다. 존 벨은 이 말을 좋아했는데, 이 말이 약간 경멸적으로 들리기 때문에 그랬으리라 생각된다. 이것은 '결흩어짐 견해'에 기반을 두고 있는데, 여기에 대해서는 나중에 좀 더 말하겠다. 주렉(Wojciech H. Zurek) 같은 FAPP의 가장 열렬한 지지자 몇 사람을 심하게 다그치면 그들은 '그림 2.8'의 가운데로 물러선다. 그러면 '그림의 가운데'는 무엇을 의

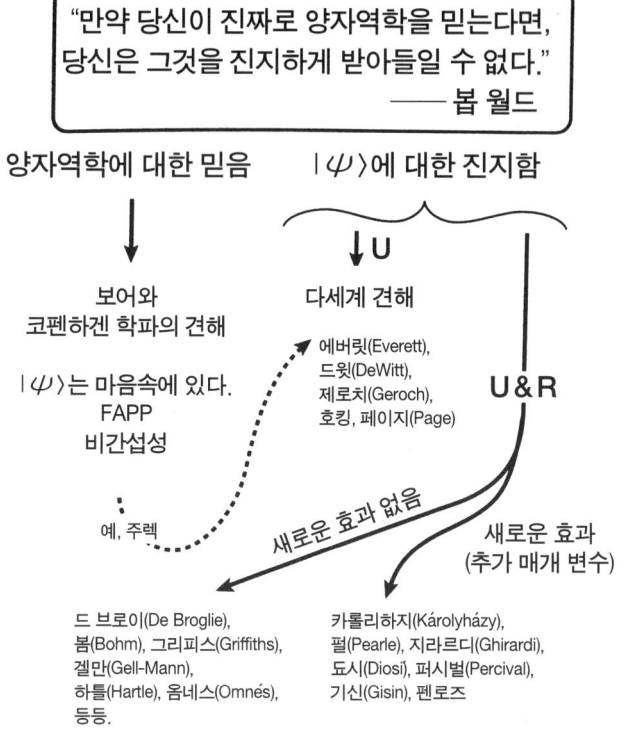

그림 2.8

미하는가?

나는 '진지한' 사람들을 다른 범주로 분류했다. 거기에는 U가 전부라고, 다시 말해 일원 진행이 전부라고 믿는 사람들이 있다. 이것은 **다세계(多世界)** 견해로 연결된다. 이 견해에서 고양이는 실제로 죽어 있기도 하고 살아 있기도 한데, 사실은 두 고양이가 서로 다른 우주에 존재한다. 여기에 대해서는 나중에 조금 더 이야기하겠다. 나는 적어도 그들 사고의 어떤 단계에서, 이 일반적인 종류의 견해를 지지하는 몇 사람들을 여기에 포함시켰다. 다세계 지지는 이 그림의 가운데에 있는 사람들이다!

내가 $|\psi\rangle$에 관해 **진짜로 진지하다**고 간주한 사람들은 나 자신을 포함하여, **U**와 **R**가 모두 실제 현상임을 믿는 사람들이다. 계가 아주 작은 한, 거기에서는 일원 진행이 일어날 뿐만 아니라, 한편으로는 본질적으로 내가 **R**라고 부르는 일도 역시 일어난다. 정확히 **R**가 아닐 수도 있지만 어쨌든 그와 비슷한 일이 일어난다. 이렇게 믿는 사람은 두 견해 중 하나를 가질 수 있다. 고려할 만한 새로운 물리적 효과가 없다는 견해가 그중 하나인데, 나는 여기에 드 브로이(De Broglie)와 봄(Bohm)의 견해를 포함시켰고, 이것과 꽤 다른 그리피스(Griffiths), 겔만(Gell-Mann), 하틀(Hartle), 옴네스(Omnés) 등의 견해도 여기에 넣었다. 표준 **U** 양자역학에 덧붙여 **R**도 어떤 역할을 하지만, 여기에서 새로운 효과를 기대하지는 않는다. 그 다음에 또 하나의 '진짜로 진지한' 관점이 있는데, 나 자신도 여기에 속하며, 이 견해는 무언가 새로운 것이 나타나서 양자역학의 구조를 바꿀 것이라고 본다. **R**는 정말로 **U**와 모순되며, **R**에서는 새로운 것이 나온다. 나는 오른쪽 아래에 이러한 견해를 가진 몇 사람의 이름을 포함시켰다.

나는 세밀한 수학에 대해서, 특히 슈뢰딩거의 고양이를 보는 얼마나 다른 견해들이 있는지 말하겠다. 다시 한번 슈뢰딩거의 고양이로 돌아가는데, 이번에는 **w**와 **z**의 복소수 가중치를 포함한다(그

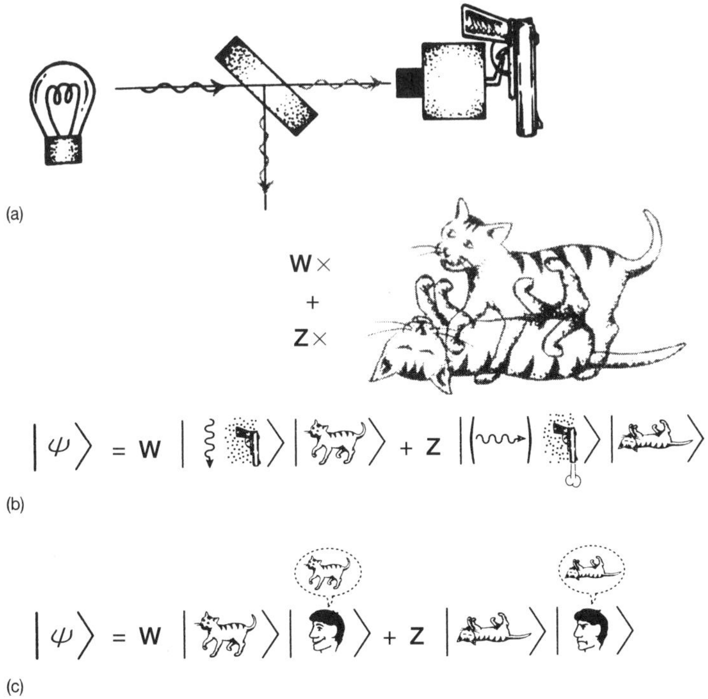

(a)

$$W\times$$
$$+$$
$$Z\times$$

$$\left|\,\psi\,\right\rangle \,=\, W\,\left|\,\text{〰🔫}\,\right\rangle \left|\,\text{🐱}\,\right\rangle \,+\, Z\,\left|\,\text{(〰→)🔫}\,\right\rangle \left|\,\text{🐱}\,\right\rangle$$

(b)

$$\left|\,\psi\,\right\rangle \,=\, W\,\left|\,\text{🐱}\,\right\rangle \left|\,\text{😊}\,\right\rangle \,+\, Z\,\left|\,\text{🐱}\,\right\rangle \left|\,\text{😮}\,\right\rangle$$

(c)

그림 2.9

림 2.9(a)). 광자는 두 상태로 분리되고, 당신이 양자역학에 대해 '진지하다'면, 당신은 상태 벡터가 실제라고 믿으며, 따라서 고양 이는 실제로 죽어 있거나 살아 있는 두 상태의 어떤 중첩으로 존재 한다고 믿어야 한다. 이러한 죽어 있거나 살아 있는 상태는 '그림 2.9(b)'처럼 디랙 괄호로 나타내면 매우 편리하다. 디랙 괄호 속에 는 부호뿐 아니라 고양이까지 집어넣을 수 있다! 고양이가 이야기

104

의 전부는 아닌데, 거기에는 총과 광자와 주위의 공기가 있기 때문이고, 따라서 거기에는 환경도 있다. 상태의 각 성분들은 실제로 함께 집어넣은 이 모든 효과들의 곱이지만, 중첩은 여전히 그대로다(그림 2.9(b)).

다세계 견해는 이것을 어떻게 받아들이는가? 여기에 누군가가 와서 고양이를 보자. 당신은 이렇게 묻는다. "저 사람은 왜 고양이 상태들의 중첩을 보지 않는가?" 다세계 신봉자는 상황을 '그림 2.7(c)'처럼 서술한다. 고양이가 살아 있는 상태가 있고, 거기에는 고양이가 살아 있다는 것을 보고 인지하는 사람이 동반된다. 또 죽은 고양이의 상태가 있어서, 그것을 관찰하는 사람이 동반된다. 이 두 상태가 중첩된다. 나는 디랙 괄호 안에 이러한 두 상태의 고양이를 관찰하는 사람과 함께 마음의 상태도 집어넣었다. 사람의 표정은 마음 상태를 보여 준다. 그래서 다세계 신봉자의 견해는 모든 것이 낫다. 거기에는 고양이를 보는 사람의 다른 복사본들이 있으나, 그들은 '다른 우주'에 살고 있다. 당신 자신이 이러한 복사본들 중의 하나이며, 당신의 또 다른 복사본이 다른 '평행 우주'에 살고 있어서 다른 가능성을 본다고 상상할 수 있다. 물론 이것은 우주에 대해 매우 경제적이지 못한 설명이며, 이런 설명에서는 다른 것들도 더 나빠진다고 생각된다. 내가 걱정하는 것은 그저 경제성의 결핍이 아니다. 가장 큰 문제는 이것이 실제로 문제를 해결하지 못한다는 것이다. 예를 들어, 왜 우리의 의식은 거시적 중첩을 인지할 수 없도록 되어 있는가? w와 z가 동일한, 특별한 경우를 생각하자. 그러면 이 상태를 '그림 2.10'처럼 다시 쓸 수 있다. 즉 '살아 있는

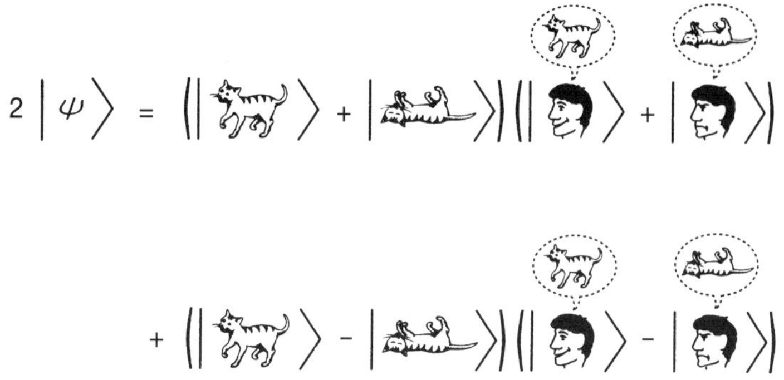

$$2\,|\psi\rangle = \big(\,|\,🐈\,\rangle + |\,🐈\,\rangle\,\big)\big(\,|\,🙂\,\rangle + |\,🙂\,\rangle\,\big)$$

$$+\ \big(\,|\,🐈\,\rangle - |\,🐈\,\rangle\,\big)\big(\,|\,🙂\,\rangle - |\,🙂\,\rangle\,\big)$$

그림 2.10

고양이를 인지하는 사람' 더하기 '죽어 있는 고양이를 인지하는 사람' 곱하기 '살아 있는 고양이' 더하기 '죽어 있는 고양이', **더하기** '살아 있는 고양이' 빼기 '죽어 있는 고양이' 곱하기 '살아 있는 고양이를 인지하는 사람' 빼기 '죽어 있는 고양이를 인지하는 사람'인데, 이것은 그저 수학일 뿐이다. 지금 당신은 "글쎄, 그렇게는 할 수 없어. 인지 상태는 그렇지 않아!"라고 말할지도 모른다. 그러나 왜 안 되는가? 우리는 인지한다는 것이 무슨 뜻인지 모른다. 인지 상태가 살아 있는 고양이와 죽어 있는 고양이를 동시에 인지할 수 없다는 것을 우리는 어떻게 아는가? 인지가 무엇인지 모르는 채로, 이러한 혼합 인지 상태가 금지되어 있는 이유에 대해 좋은 이론을 갖고 있다면 (이것은 3장의 내용을 훨씬 넘어선다) 내가 보기에 이것은 아무런 설명도 내놓지 못한 것이다. 이 이론은 왜 이것 아니면 저것만 인지할 수 있고 둘의 중첩을 인지할 수 없는지 설명하지 못한다. 이것을 하나의 이론으로 만들 수는 있지만 인지

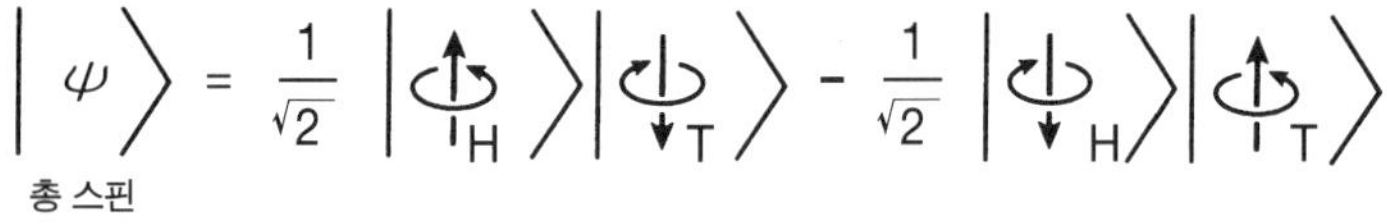

$$| \psi \rangle = \frac{1}{\sqrt{2}} \left| \begin{smallmatrix} \circlearrowleft \\ \uparrow_H \end{smallmatrix} \right\rangle \left| \begin{smallmatrix} \circlearrowleft \\ \downarrow_T \end{smallmatrix} \right\rangle - \frac{1}{\sqrt{2}} \left| \begin{smallmatrix} \circlearrowleft \\ \downarrow_H \end{smallmatrix} \right\rangle \left| \begin{smallmatrix} \circlearrowleft \\ \uparrow_T \end{smallmatrix} \right\rangle$$

총 스핀

그림 2.11

$$D_H = \frac{1}{2} \left| \begin{smallmatrix} \circlearrowleft \\ \uparrow_H \end{smallmatrix} \right\rangle \left\langle \begin{smallmatrix} \circlearrowleft \\ \uparrow_H \end{smallmatrix} \right| + \frac{1}{2} \left| \begin{smallmatrix} \circlearrowleft \\ \downarrow_H \end{smallmatrix} \right\rangle \left\langle \begin{smallmatrix} \circlearrowleft \\ \downarrow_H \end{smallmatrix} \right|$$

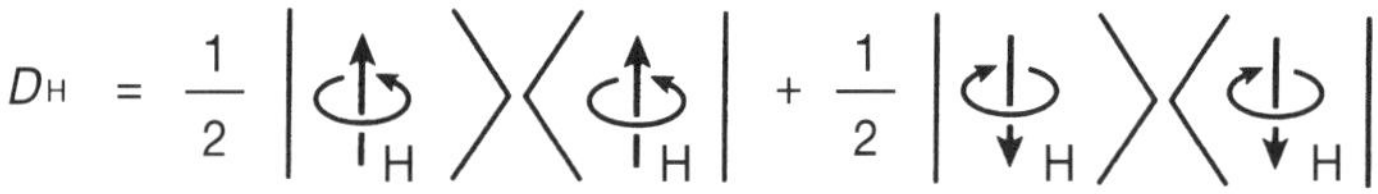

그림 2.12

의 이론도 함께 가져야 한다. w와 z가 일반적인 수일 때는 또 다른
반론도 있는데, 그것은 '왜 양자역학에서 확률이 앞에서 설명한 것
처럼 절댓값의 제곱이 되는지 알 수 없다'는 것이다. 그러나 어쨌
든 이러한 확률들은 매우 정밀하게 검사될 수 있는 것들이다.

양자적 측정에 대해 좀 더 깊이 들어가 보자. **양자 얽힘**에 대해
좀 더 말할 것이 있다. '그림 2.11'에서 양자 Z 미스터리들 중의 하
나인 EPR 실험을 봄의 방식으로 서술했다. 그렇다면 서로 반대 방
향으로 날아가는 스핀 $\frac{1}{2}$ 입자들의 상태는 어떻게 서술하는가? 총
스핀은 0이므로, 우리가 여기에서 받은 입자의 스핀이 up이면, 저
기에 있는 입자의 스핀은 down이어야 함을 알고 있다. 이 경우에
결합된 계의 양자 상태는 '여기에서 up'과 '저기에서 down'의 곱
일 것이다. 반대로 여기에서 입자의 스핀이 down이라면 저기에서
는 up이어야 한다. (우리가 여기에서 스핀을 위/아래(up/down) 방향
으로 조사한다면 이러한 상태들이 나타날 것이다.) 계 전체의 양자

2장 ▪ 양자물리학의 미스터리 ▪ **107**

상태를 얻으려면 이 상태들을 포개 놓아야 한다. 사실상 여기에서 입자 쌍의 총 스핀을 합해서 우리가 택한 방향으로 0이 되려면 음의 부호가 필요하다.

우리가 '여기'에서 검출기를 향해 오는 입자의 스핀을 측정한다고 하고, 또 하나의 입자는 아주 멀리, 예를 들어 달까지 간다고 가정하자. 이제 '저기'는 달이다! 그리고 달에 그 입자의 스핀을 up/down 방향으로 측정하는 동료가 있다고 상상하자. 그가 측정한 입자의 스핀이 up 또는 down일 확률은 똑같다. 그가 측정한 스핀이 up이면, 내 입자의 스핀 상태는 down이어야 한다. 따라서 내가 측정하려는 입자의 상태 벡터는 스핀 up과 스핀 down이 같은 확률을 가진 혼합 상태이다.

양자역학에는 이러한 확률 혼합을 다루는 방법이 있어서, 여기에는 **밀도 행렬**이라고 부르는 양을 사용한다. '여기의 내'가 현재 상황에서 사용하는 밀도 행렬은 '그림 2.12'와 같다. 이 식에서 처음 '$\frac{1}{2}$'은 내가 여기에서 스핀 up을 발견할 확률이고, 두 번째 '$\frac{1}{2}$'은 내가 여기에서 스핀 down을 발견할 확률이다. 이것들은 내가 측정하려는 입자의 실제 스핀 상태에 대한 불확정성을 나타내는 보통의 고전적인 확률일 뿐이다. 보통 확률은 그저 보통의 (0과 1사이의) 실수일 뿐이고, '그림 2.12'의 조합은 양자 중첩이 아니다. 양자 중첩의 경우에는 계수가 복소수이지만, 여기에서는 단지 보통의 확률이 곱해진 조합이다. 여기에서 두 확률($\frac{1}{2}$)에 곱해진 양에는 첫 번째 괄호(꺾음 괄호가 오른쪽을 향하며, (디랙) **켓** 벡터라 부른다)와 두 번째 괄호(꺾음 괄호가 왼쪽을 향하며, **브라** 벡

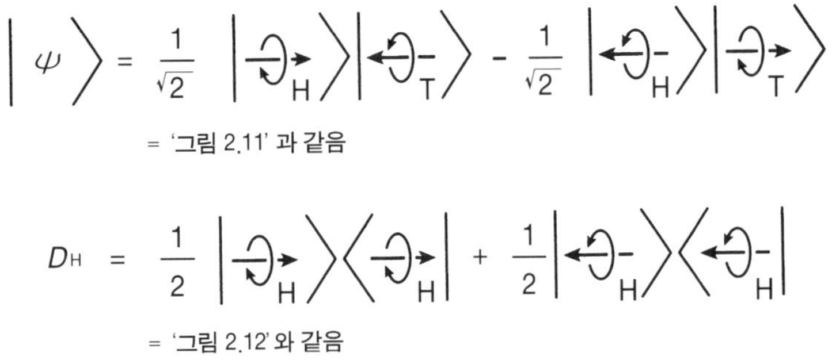

$$|\psi\rangle = \frac{1}{\sqrt{2}}\left|\circlearrowright_H\right\rangle\left|\circlearrowleft_T\right\rangle - \frac{1}{\sqrt{2}}\left|\circlearrowleft_H\right\rangle\left|\circlearrowright_T\right\rangle$$

= '그림 2.11'과 같음

$$D_H = \frac{1}{2}\left|\circlearrowright_H\right\rangle\left\langle\circlearrowright_H\right| + \frac{1}{2}\left|\circlearrowleft_H\right\rangle\left\langle\circlearrowleft_H\right|$$

= '그림 2.12'와 같음

그림 2.13

터라고 한다)가 포함된다. (브라 벡터는 켓 벡터의 '복소 공액'이다.)

밀도 행렬에 관련된 수학을 이 자리에서 자세히 설명하는 것은 적절하지 않다. 밀도 행렬은 양자 상태의 일부만을 측정할 때 나올 수 있는 확률에 대한 모든 정보를 가지고 있다는 것만 알면 충분하다. 이때 계의 나머지 부분에 대해서는 정보를 얻을 수 없다고 가정한다. 우리의 예에서, 전체의 양자 상태는 입자의 **쌍**이고, 내가 '여기'에서 측정하려는 입자의 짝에 대해 '저기' 달에서 측정한 내용을 내가 알 수 없다고 가정한다.

이번에는 상황을 약간 바꾸어 달에 있는 나의 동료가 입자의 스핀을 위/아래(up/down)가 아니라 좌/우(left/right) 방향으로 측정한다고 하자. 이때는 '그림 2.13'의 표현을 사용하는 것이 좋다. 사실 이것은 '그림 2.11'에 나타낸 상태와 완전히 똑같은 것으로 '그림 2.4'를 참조해서 계산해 보면 입증할 수 있으며, 다만 표현만 달라진 것이다. 우리는 달에 있는 동료가 그의 (좌/우) 스핀 측정에서 어떤 결과를 얻게 될지 여전히 모르지만, 그가 스핀 left와 스핀 right를 얻을 확률이 똑같이 $\frac{1}{2}$임을 알고 있다. (어느 경우이든 여기에 있는 우리는 반대쪽 스핀을 측정하게 된다.) 따라서 밀도 행렬 D_H는 '그림 2.13'처럼 주어져야 하고, 이것은 앞의 것('그림 2.12'에 주어진 것)과 같은 밀도 행렬임이 증명되어야 한다. 물론 그것은 이렇게 증명된다. 달에서 동료가 측정에 대해 내린 선택은 내가 하는 측정에 아무 영향도 주지 않아야 한다. (만일 영향이 있다면, 그는 스핀 측정 방향의 선택으로 메시지를 부호화해서 달에서 지구까지 빛보다 빠르게 신호를 보내는 것이 가능해진다.)

밀도 행렬이 실제로 같은지 여러분이 직접 계산해 봐도 좋다. 당신이 이런 종류의 수학을 안다면 내가 무슨 말을 하는지 알 것이고, 그렇지 않으면, 신경 쓸 필요 없다. 상태 속에 내가 모르는 부분이 있으면, 밀도 행렬이 최선이다. 밀도 행렬은 보통의 확률을 사용하지만, 양자역학적 기술과 결합되어 있기 때문에 암묵적으로 양자역학적 확률을 포함한다. 만약에 내가 '저기'에서 무슨 일이 벌어지는지 모른다면, 밀도 행렬은 내가 '여기'에 대해 할 수 있는 최선의 서술이다.

그러나 밀도 행렬이 **실제**를 기술한다고 말하기는 어렵다. 문제는 내 동료가 달의 소식을 듣고 내게 와서 상태를 측정했더니 이러이러한 값이 나왔다라고 말해 줄지도 모른다는 것이다. 이렇게 되면 나에게 온 입자의 상태가 **실제로** 어떤 것이어야 했는지 내가 알게 된다. 밀도 행렬이 입자의 **모든 것**에 대해 말해 주지는 않는다. 모든 것을 알기 위해서는 결합된 한 쌍 전체의 실제 상태를 알아야

$$|\psi\rangle = w \,\Big|\;\Big\rangle\Big|\;\Big\rangle + z \,\Big|\;\Big\rangle\Big|\;\Big\rangle$$

그림 2.14.

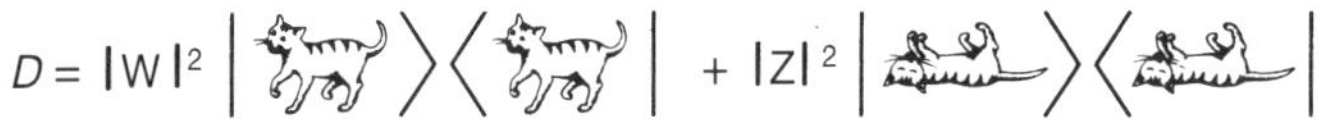

$$D = |w|^2 \,\Big|\;\Big\rangle\Big\langle\;\Big| + |z|^2 \,\Big|\;\Big\rangle\Big\langle\;\Big|$$

그림 2.15.

한다. 따라서 밀도 행렬은 일종의 잠정적인 서술이고, 이것을 때때로 FAPP(모든 실질적인 목적을 위하여)라고 부르는 것도 이런 이유 때문이다.

밀도 행렬은 대개 이런 상황이 아니라 '그림 2.14'와 같은 상황을 기술할 때 사용한다. 다시 말해 내가 있는 '여기'와 달에 있는 '저기'가 얽혀 있는 상태가 아니라, '여기' 상태는 살아 있거나 죽은 고양이이고, '저기' 상태는 (그것도 모두 같은 방에 있는) 고양이를 둘러싼 환경 전체를 말한다. 따라서 어떤 환경에서 '살아 있는 고양이' 더하기 '다른 환경에서 죽은 고양이'가 완전히 얽혀 있는 상태 벡터가 가능하다. FAPP 사람들은 우리가 환경에 대해 충분한 정보를 절대로 얻을 수 없기 때문에 상태 벡터를 사용할 수 없고, 따라서 밀도 행렬을 사용할 수밖에 없다고 말한다(그림 2.15).

이제 밀도 행렬은 확률의 혼합처럼 작용하고, FAPP 사람들은 이렇게 말한다. 모든 실용적인 목적에서, 고양이는 살아 있거나 죽어 있다. 이것은 '모든 실용적인 목적상' 괜찮을지 모르지만, 이것만으로는 실제에 대한 상을 얻을 수 없다. 나중에 아주 영특한 사람이 나타나서 환경에서 정보를 얻는 방법을 가르쳐 주어도, 이것으로는 어떤 일이 일어날지 알 수 없다. 이것은 어느 정도 일시적인 관점이다. 아무도 그런 정보를 얻을 줄 모르는 동안만은 충분히 좋다. 그러나 우리는 EPR 실험에서 입자에 대해 한 분석을 고양이에 그대로 적용할 수 있다. 우리는 앞에서 스핀을 좌우로 나누어도 위아래로 나누는 것과 똑같다는 것을 입증했다. 우리는 양자역학의 규칙에 따라 위아래 스핀 상태를 조합하여 좌우 스핀 상태를 얻을 수 있고, 이렇게 해서 우리는 '그림 2.13(a)'와 같이 입자 쌍이 얽힌 똑같은 전체 상태를 얻을 수 있으며, '그림 2.13(b)'처럼 똑같은 밀도 행렬도 얻는다.

고양이와 그 환경의 경우에(w와 z의 크기가 같을 때) 우리는 똑같은 수학을 사용하여 '살아 있는 고양이' 더하기 '죽어 있는 고양이'를 오른쪽 스핀으로, '살아 있는 고양이' 빼기 '죽어 있는 고양이'를 왼쪽 스핀으로 대응시킬 수 있다. 이렇게 해서 우리는 전과 똑같은 상태('그림 2.14'에서 w = z인 경우)와, 전과 똑같은 밀도 행렬('그림 2.15'에서 w = z인 경우)을 얻는다. '살아 있는 고양이' 더하기 '죽어 있는 고양이' 또는 '살아 있는 고양이' 빼기 '죽어 있는 고양이'는 '살아 있는 고양이'나 '죽어 있는 고양이'와 똑같이 괜찮은가? 이것은 그리 명백하지 않다. 그러나 여기에 관련된 수학은 명백하다. 이렇게 해도 전과 똑같은 밀도 행렬이 나온다(그림 2.16). 따라서 밀도 행렬이 어떻다는 것을 안다고 해서 고양이가 진짜로 죽어 있는지 살아 있는지 판단하는 데 도움이 되지는 않는다. 다시 말해 고양이의 생사는 밀도 행렬에 들어 있지 않다. 이것을 알려면 더 많은 것이 필요하다.

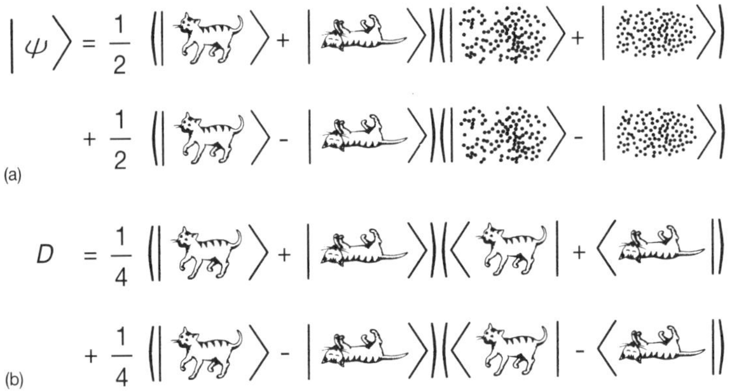

$$|\psi\rangle = \tfrac{1}{2}\left(\big|\text{[cat standing]}\big\rangle + \big|\text{[cat lying]}\big\rangle\right)\left(\big|\text{[detector dots a]}\big\rangle + \big|\text{[detector dots b]}\big\rangle\right)$$

$$+\ \tfrac{1}{2}\left(\big|\text{[cat standing]}\big\rangle - \big|\text{[cat lying]}\big\rangle\right)\left(\big|\text{[detector dots a]}\big\rangle - \big|\text{[detector dots b]}\big\rangle\right)$$

(a)

$$D = \tfrac{1}{4}\left(\big|\text{[cat standing]}\big\rangle + \big|\text{[cat lying]}\big\rangle\right)\left(\big\langle\text{[cat standing]}\big| + \big\langle\text{[cat lying]}\big|\right)$$

$$+\ \tfrac{1}{4}\left(\big|\text{[cat standing]}\big\rangle - \big|\text{[cat lying]}\big\rangle\right)\left(\big\langle\text{[cat standing]}\big| - \big\langle\text{[cat lying]}\big|\right)$$

(b)

그림 2.16

이것은 고양이가 왜 죽어 있거나 살아 있는지(그 조합이 아니고) 설명하지 못할 뿐만 아니라, 고양이가 왜 죽어 있거나 또는 살아 있는지로 인지되어야 하는지도 설명하지 못한다. 게다가 일반적인 진폭 w, z의 경우에 왜 상대 확률이 $|w|^2$과 $|z|^2$이 되는지 설명하지 못한다. 나의 견해로는, 이것은 충분히 괜찮다고 할 수 없다. 나는 다시 물리학 전체를 보여 주는 그림으로 돌아가는데, 이번에는 미래에 물리학이 이러해야 한다고 생각되는 방향으로 그림을 고쳤다(그림 2.17). 내가 **R**라고 나타낸 과정은 우리가 아직 가지지 못한 어떤 것에 대한 근사이다. 이것을 나는 **OR**라고 부를 것인데, 이것은 **객관적 오그라듦**(Objective Reduction)을 뜻한다. 이것은 객관적인 것이어서, 이것 또는 저것이 객관적으로 발생한다. 이것은 아직 없는 이론이다. **OR**는 아주 좋은 약어인데, 이 말에는 '또는' 이라는 뜻도 있기 때문이고, 실제로 이것 또는(**OR**) 저것이 일어나기 때문

2장 ▪ 양자물리학의 미스터리 • 113

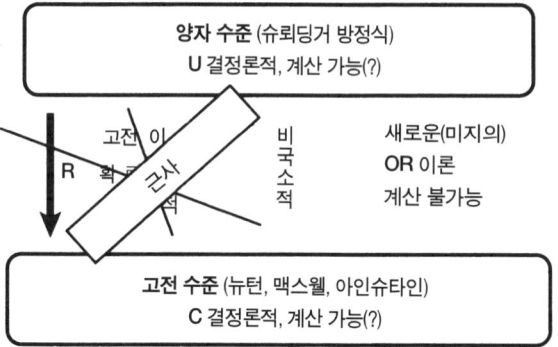

그림 2.17

이다.

그러나 언제 이 과정이 일어날까? 내가 지지하는 견해는 중첩 원리를 상당히 다른 **시공간 기하**에 적용할 때 뭔가가 잘못된다는 것이다. 우리는 1장에서 시공간 기하의 개념에 접했고, '그림 2.18(a)'에 그중 둘을 나타냈다. 더 나아가, 마치 광자와 입자의 중첩처럼 두 시공간 기하가 중첩되는 것을 그림에 나타냈다. 다른 시공간들을 중첩하려고 하면, 두 시공간의 빛원뿔이 다른 방향을 가리킬 수 있기 때문에 많은 문제가 생긴다. 이것은 사람들이 진짜로 진지하게 일반 상대성 이론을 양자화하려고 노력할 때 부딪히는 큰 문제들 중의 하나이다. 이런 이상한 시공간의 중첩 속에서 물리학을 하려는 시도는, 내가 보기에 이제까지 모두 좌절했다.

내 말은, 이런 시도가 모두 좌절될 만한 이유가 있다는 것이다. 왜냐하면 이것은 해서는 안 되는 시도이기 때문이다. 얼마간 이 중

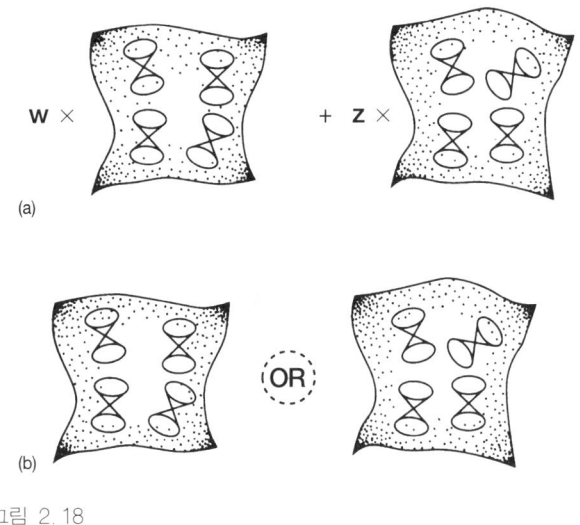

그림 2.18

첩은 실제로 이것 또는(**OR**) 저것이 되고, 이것은 이런 일이 일어나는 시공간의 수준 속에 있다(그림 2.18(b)). 독자들은 이렇게 말할지도 모른다. "이것은 원리상 모두 좋다. 그러나 일반 상대성 이론을 합치려 하면 플랑크 시간과 플랑크 길이 같은 터무니없는 숫자가 나오는데, 이것들은 입자물리학에서 다루는 길이와 시간보다 훨씬 짧다. 이것은 고양이나 사람의 규모와 전혀 어울리지 못한다. 그러면 양자 중력은 이것을 가지고 무엇을 할 수 있는가?" 내 생각에는 일어나는 일의 근본적 성질 때문에 이것을 가지고 여러 가지 일을 할 수 있다.

플랑크 길이 10^{-33}센티미터는 양자 상태의 오그라듦에 어떤 중요성을 갖는가? '그림 2.19'는 두 갈래로 나뉘려고 하는 시공간을 고

2장 ▪ 양자물리학의 미스터리 ▪ **115**

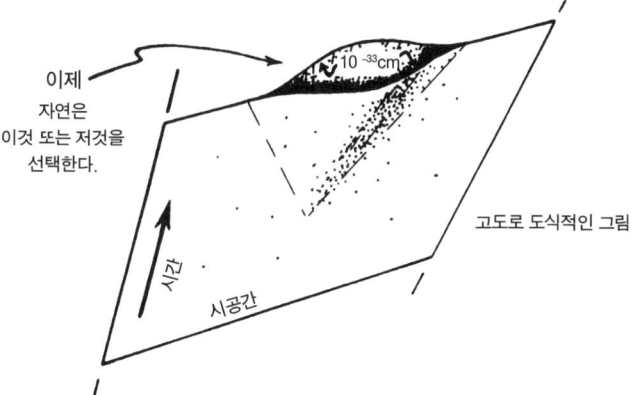

그림 2.19 플랑크 길이인 10^{-33}센티미터는 양자 상태의 오그라듦과 어떤 관계가 있는가? 대강의 아이디어: 중첩된 두 상태 사이에 충분한 질량 운동이 있어서 두 시공간이 10^{-33}센티미터 정도로 달라지면 양자 상태의 오그라듦이 일어난다.

도로 도식적으로 그린 그림이다. 하나는 살아 있는 고양이를 나타내고, 다른 하나는 죽어 있는 고양이를 나타내는 두 시공간이 중첩되려고 하는 상황이다. 여러분은 이렇게 물을 수 있다. "규칙을 바꿔야 할 정도로 충분히 달라지는 것은 언제인가?" 어떤 의미에서 이것은 기하들 사이의 차이가 플랑크 길이쯤 되었을 때라고 할 수 있다. 기하들이 이만큼 차이가 나기 시작할 때가 어떤 일이 일어날지 걱정하고 규칙을 바꿔야 할지 고려할 때이다. 나는 여기에서 공간이 아니라 시공간을 다루고 있다는 것을 강조해야겠다. '플랑크 규모의 시공간 간격'에서 작은 공간 거리는 긴 시간에 해당하며, 긴 공간 거리는 짧은 시간에 해당한다. 우리가 필요로 하는 것은 언제 두 시공간이 현저히 차이가 나는지 추정할 수 있는 기준이며, 이것

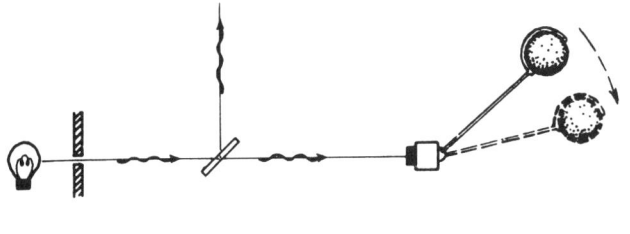

그림 2.20 고양이 대신에 공 모양으로 된 추의 단순한 움직임을 측정한다. 추가 얼마나 크거나 무거워야 하고, 얼마나 멀리 움직여야 하며, **R**가 발생하기 전까지 얼마나 오랫동안 중첩이 유지될 수 있을까?

은 자연이 선택한 **시간 규모**를 알려 줄 것이다. 따라서 이 견해는, 우리가 아직 이해하지 못하는 어떤 규칙에 의해 자연이 이것 또는 저것을 선택한다는 것이다.

자연은 이 선택을 하는 데 얼마나 걸릴까? 우리는 이 시간 규모를 명확한 상황에서 계산할 수 있는데, 그것은 아인슈타인의 이론에 대한 뉴턴의 근사가 만족될 때이고, 양자 중첩이 일어날 두 중력장이 명확하게 구분될 때(관련된 두 복소수 진폭이 거의 비슷한 크기일 때)이다. 내가 제안하는 답은 다음과 같다. 여기에서 나는 고양이를 추로 바꾸겠다. 고양이는 일을 많이 했으니 이제 쉬게 하자. 추는 얼마나 크며, 얼마나 멀리 움직여야 하며, 상태 벡터가 붕괴할 때의 시간 척도는 얼마인가(그림 2.20)? 나는 한 상태 더하기 다른 상태의 중첩을 불안정한 상태로 간주하려고 한다. 이것은 붕괴하는 입자나 우라늄 핵 같은 것들과 다소간 비슷해서, 이것 또는 저것으로 붕괴할지도 모르고, 이 붕괴에는 어떤 시간 척도가 있다. 이것이 불안정하다는 것은 가설이지만, 이 불안정성은 우리가 이해

2장 ■ 양자물리학의 미스터리 ■ **117**

하지 못하는 물리학을 함축하고 있다. 시간 척도를 계산하기 위해, 추 하나를 다른 추의 중력장에서 멀어지게 할 때 드는 에너지 E를 생각하자. 그리하여 플랑크 상수 나누기 2π인 $\hbar$를 중력 에너지로 나누면, 이 값이 이 상황에서 붕괴의 시간 척도 T이다.

$$T = \frac{\hbar}{E}$$

그리고 이러한 일반적인 형태의 논의를 따르는 많은 체계들이 있다. 세밀한 부분은 다를 수 있지만, 그것들이 가지는 일반적인 중력 체계는 거의 비슷하다.

이런 성질을 가진 중력 체계가 고려할 만한 것이라고 생각하는 데에는 또 다른 이유들이 있다. 그중 하나는, 새로운 물리학을 도입해서 양자 측정 문제(즉 양자 상태의 오그라듦)를 설명하려는 다른 모든 시도들이 에너지 보존 법칙과 충돌한다는 것이다. 이런 시도에서는 에너지 보존 법칙의 일반적인 규칙을 어기게 된다. 그러나 중력 체계를 사용하면 이 문제를 피해 갈 수 있는 좋은 기회가 있다고 나는 생각한다. 이것을 어떻게 해야 하는지 나도 모르지만, 내 생각을 여기에서 말해 보겠다.

일반 상대성 이론에서 질량과 에너지는 약간 이상한 것들이다. 무엇보다도 먼저 질량은 에너지(광속의 제곱으로 나눈 것)와 같고, 중력 퍼텐셜 에너지는 질량에 (음으로) 영향을 준다. 따라서 두 추가 서로 멀리 떨어져 있으면, 전체 계는 그들이 가까이 있을 때보다 약간 더 큰 질량을 가진다(그림 2.21). 비록 (에너지-운동량 텐서로

Roger Penrose •

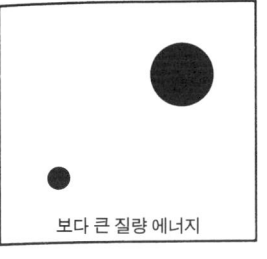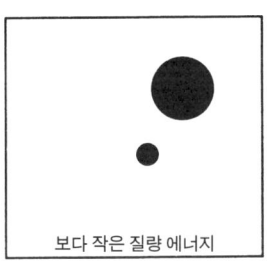

보다 큰 질량 에너지   보다 작은 질량 에너지

그림 2.21 중력계의 전체 질량 에너지는 국소화할 수 없는, 순전히 중력에 의한 기여분을 포함한다.

측정한) 질량 – 에너지 밀도가 추 안에서만 0이 아니고, 또 추 속의 양이 다른 추의 존재와 아무 관계가 없음에도 불구하고, '그림 2.21'에 그려진 두 경우의 **전체** 에너지에는 차이가 있다. 전체 에너지는 비국소적 양이다. 실제로 일반 상대성 이론에서 에너지는 근본적으로 비국소적인 면이 있다. 1장에 언급한 유명한 쌍성 펄서도 틀림없이 이런 예이다. 중력파는 양의 에너지와 질량을 계에서 가지고 나가지만, 이 에너지는 공간 전체에 걸쳐 비국소적으로 존재한다. 중력 에너지는 알기 어려운 것이다. 내 생각에, 우리가 일반 상대성 이론을 양자역학과 결합시키는 올바른 방법을 안다면, 상태 벡터 붕괴의 이론을 괴롭히는 에너지 문제를 우회하는 좋은 방법이 있을 것이다. 말하자면, 중첩의 에너지에 대한 중력의 기여를 고려해야 하는데, 중력에 의한 에너지를 완전히 국소적인 의미로 사용할 수 없다는 것이다. 따라서 중력 에너지에는 기본적인 불확정성이 있고, 이 불확정성은 앞에서 말한 에너지 E 정도의 크기이다. 이것은 바로 불안정한 입자들로부터 얻은 것과 같다. 불안정한

2장 ░ 양자물리학의 미스터리 • **119**

입자는 질량 – 에너지 불확정성을 가지는데, 이것은 똑같은 공식에 의해 수명과 연관된다.

내가 추진하는 방법에서 시간 척도를 명시적으로 살펴 보고 끝내겠다. 3장에서 이 문제로 다시 돌아간다. 이러한 시공간 중첩이 일어나는 실제의 계에서 붕괴 시간은 얼마일까? 양성자의 경우에 (잠정적으로 딱딱한 구로 볼 때) 이 시간 척도는 수백만 년이다. 이것은 좋은 결과인데, 간섭계 실험에서 우리는 단일 양성자가 붕괴하는 것을 보지 못했기 때문이다. 그래서 이것은 정합적이다. 예를 들어 그것이 반지름 0.1미크론(1/1000밀리미터 —— 옮긴이)인 물방울이라면, 붕괴 시간은 수 시간 정도일 것이다. 반지름이 1미크론 정도라면 붕괴 시간은 20분의 1초 정도, 10미크론이라면 100만분의 1초 정도일 것이다. 이 숫자들은 이러한 형태의 물리학이 중요해지는 척도를 가리킨다.

그러나 여기에는 추가해야 할 본질적인 성분이 있다. 나는 FAPP 견해를 조금 비웃었지만, 한 가지 요소는 매우 진지하게 취해야 하는데, 그것은 환경이다. 환경은 이러한 고려에서 절대적으로 중요하며, 그동안 나의 논의에서는 이것을 무시해 왔다. 따라서 양자 상태에는 포함되는 것이 훨씬 많이 있다. 우리는 단순히 여기에 있는 추와 저기에 있는 추의 중첩이 아니라, 이 추와 이 환경, 저 추와 저 환경의 중첩을 고려해야 한다. 우리는 주요 효과가 환경의 교란과 추의 움직임 중 어느 쪽에 있는지 조심스럽게 살펴 보아야 한다. 이것이 환경에 있다면, 그 효과는 무작위가 되어서 표준 과정과 다른 것을 얻지 못할 것이다. 계가 충분히 고립되어서 환경이

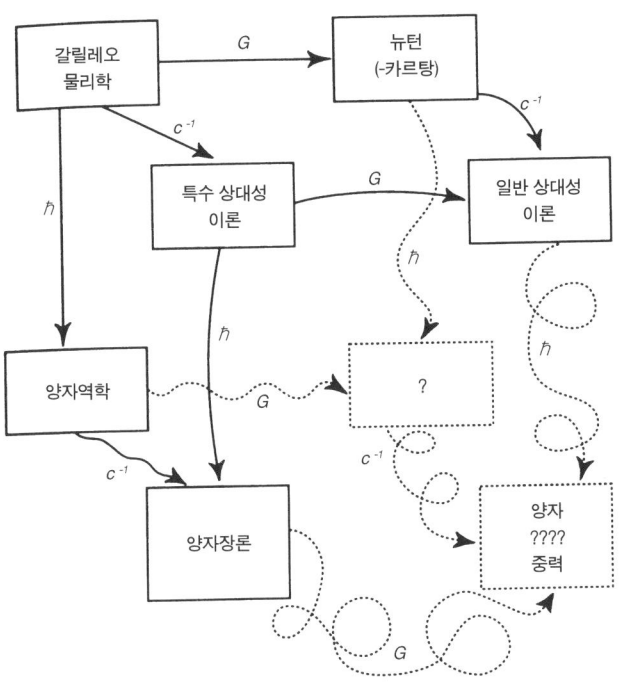

그림 2.22

참여하지 않는다면, 표준 양자역학과는 다른 뭔가를 볼 수 있을 것이다. 적합한 실험이 제안될 수 있는지 안다는 것은 매우 흥미로울 것이다. 나는 몇 가지 시험적인 가능성을 알고 있는데, 이 실험들은 이러한 형태의 체계가 자연의 진실인지, 아니면 전통적인 양자역학이 살아남아 추들이(또는 고양이조차) 그러한 중첩 상태에 있어야 하는지 조사할 수 있을 것이다.

그동안 우리가 하려고 애써 왔던 것이 무엇인지 '그림 2.22'에 요약하도록 하겠다. 이 그림에서 나는 찌그러진 육면체의 모서리에 여러 가지 이론을 배치했다. 육면체의 세 축은 물리학에서 가장 기본적인 세 상수에 해당한다. 중력 상수 G(가로축), 광속의 역수인 c^{-1}(세로축), 디랙 – 플랑크 상수 $\hbar$ (높이축)이 그것이다. 각 상수들은 보통의 형태로는 매우 작은 수여서, 0으로 놓아도 좋은 근사값이다. 이 모든 것을 0으로 놓으면, 내가 갈릴레오 물리학(왼쪽 꼭대기)이라고 부르는 것이 된다. 중력 상수가 0이 아니면 가로로 이동해서 뉴턴 중력 이론(이것의 기하학적 시공간의 공식화는 훨씬 나중에 카르탕에 의해 이루어짐)으로 간다. 이번에는 c^{-1}이 0이 아니라면, 특수 상대성 이론의 푸앵카레 – 아인슈타인 – 민코프스키 이론으로 간다. 두 상수가 0이 아니도록 허용한다면 찌그러진 육면체의 꼭대기 사각형이 완성되어 아인슈타인의 일반 상대성 이론이 나온다. 그러나 이러한 일반화는 결코 간단하지 않다. 나는 '그림 2.22'에서 제일 윗면의 사각형을 찌그러뜨려 이 사실을 나타냈다. 잠시 $G = c^{-1} = 0$으로 되돌아가서 $\hbar$가 0이 아니게 하면 표준 양자역학을 얻는다. 직접적인 일반화는 아니지만, 어쨌든 c^{-1}도 편입될 수 있어서, 이렇게 하면 양자장론이 얻어진다. 이렇게 해서 육면체의 왼쪽 면이 완성되었는데, 직접성이 부족하다는 뜻으로 약간 찌그러지게 그렸다.

우리가 지금 할 일은 육면체를 완성하는 것이고, 이렇게 하면 모든 것을 알 수 있다고 생각할 수도 있다. 그러나 중력 물리학의 원리는 양자역학의 원리와 근본적으로 모순된다고 알려져 있다. 이것은 뉴턴 중력(여기에서 $c^{-1} = 0$을 유지한다)도 보여 주는데, 이때

적당한 (카르탕) 기하학적 구조를 사용해야 하며, 여기에는 **아인슈타인의 등가 원리**(여기에 따르면 일정한 중력장은 가속도와 구별이 불가능함)가 사용된다. 이것은 조이 크리스천(Joy Christian)이 나에게 지적해 준 것인데, 그는 '그림 2.22'의 바탕이 된 나의 영감을 일깨워 주기도 했다. 아직 양자역학과 뉴턴의 중력(카르탕의 기하를 통해 고전 이론에서 한 것처럼, 아인슈타인의 등가 원리를 완전히 고려한 중력 이론)의 적절한 통합은 이루어지지 않았다. 나의 확실한 의견으로는, 이 통합은 **양자 상태의 오그라듦** 현상을 수용해야 하며, 이것은 대략 이 장의 앞에서 말한 **OR**의 아이디어에 따라 이루어질 것이다. 그러한 통합은 '그림 2.22'에서 육면체의 뒷면을 직접 완성하는 것과 분명히 거리가 멀다. 완전한 이론, 즉 세 상수 $\hbar$, G, c^{-1}을 모두 고려해서 '육면체' 전체를 완성하는 이론은 훨씬 더 난해하고 수학적으로 세련된 이론이 될 것이다. 이것은 분명히 미래의 일이다.

3장

물리학과 정신

앞의 두 장에서는 물리적 세계와 그것을 서술하는 수학적 규칙들을 알아보았고, 그것이 얼마나 놀랍도록 정확하며 때로는 얼마나 이상하게 여겨지는지 살펴보았다. 이 세 번째 장에서는 **정신적 세계**(mental world)에 대해 말할 것인데, 특히 정신적 세계와 물리적 세계가 어떻게 관련되어 있는지를 살펴보겠다. 조지 버클리(George Berkeley) 주교는 어떤 의미에서 물리적 세계가 정신적 세계에서 나온다고 보았지만, 더 일반적인 과학적 관점에서는 정신을 어떤 물리적 구조의 한 특징으로 본다.

칼 포퍼(Karl Popper)가 여기에 세 번째 세계를 도입했는데, 이것은 문화의 세계(World of Culture)라고 불린다(그림 3.1). 그는 이 세 번째 세계를 정신 활동의 산물로 보았으며, 따라서 그는 '그림 3.2'와 같은 계층 구조를 생각했다. 이 구조에서 정신적 세계는 어

그림 3.1 칼 포퍼의 세 번째 세계.

떤 방식으로 물리적 세계와 관련되어 있고(물리적 세계에서 창발한다?), 문화는 정신에서 나온다.

나는 이것을 조금 다르게 보고 싶다. 포퍼처럼 문화가 정신에서 나온다고 생각하기보다, 나는 세 세계가 '그림 3.3'처럼 연결되어 있다고 본다. 더욱이 나의 '세 번째 세계'는 문화의 세계가 아니라 절대적인 플라톤 세계, 특히 절대적인 수학적 진리의 세계이다. 이런 방식으로, 물리적 세계가 정확한 수학 법칙에 의존한다는 것을 보여주는 '그림 1.3'의 배열이 우리의 그림에 통합된다.

이 장의 많은 부분은 이 서로 다른 세계들 사이의 관계를 다룰

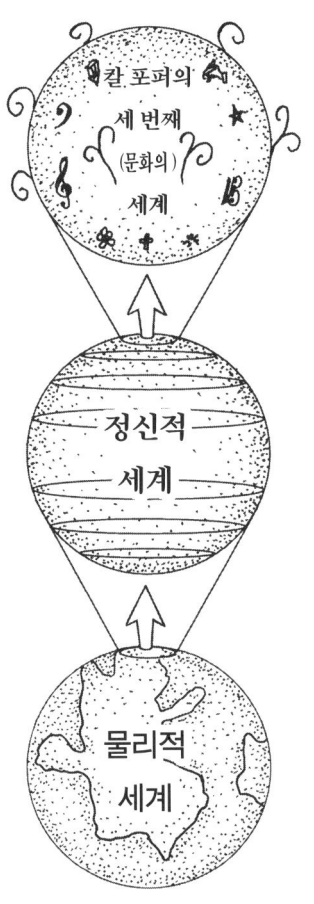

그림 3.2

것이다. 나는 정신이 물질에서 나온다는 생각이 근본적으로 문제가 있다고 보는데, 철학자들도 매우 좋은 이유에서 여기에 대해 의문을 가진다. 물리학에서 우리는 물질, 물리적 사물, 질량을 가진

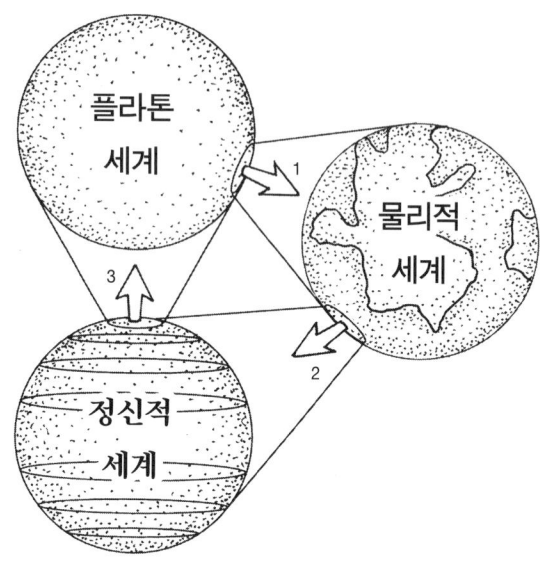

그림 3.3 세 가지 세계와 세 가지 미스터리.

물체, 입자, 우주, 시간, 에너지 등에 대해 말한다. 우리가 빨간색을 느끼거나 행복을 느끼는 것이 물리학과 어떻게 연관될까? 나는 이 것이 미스터리라고 본다. '그림 3.3'에서 서로 다른 세계들을 연결하는 화살표들도 미스터리라고 볼 수 있다. 앞의 두 장에서는 수학과 물리학 사이의 관계(미스터리 1)에 대해 얘기했고, 이 관계에 대한 위그너의 언급을 보았다. 그는 이것을 매우 특별한 것으로 보았고, 나 또한 그렇다. 왜 물리적 세계는 수학적 법칙들을 아주 정확히 따르는 것처럼 보일까? 그런 정도를 넘어서 물리적 세계를 지배하고 있는 것처럼 보이는 수학은 수학 그 자체만으로 대단히 풍성하고 강력하다. 나는 이 관계를 심오한 미스터리로 간주한다.

이 장에서는 미스터리 2, 즉 물리적 세계와 정신적 세계 사이의 관계를 알아보겠다. 그러나 이 관계를 살펴 보기 위해서는 미스터리 3, 즉 수학적 진리에 접근하기 위해 우리의 능력에 기초가 되는 것도 고려할 것이다. 앞의 두 장에서 플라톤 세계에 대해 언급할 때, 물리적 세계의 서술에 필요한 수학과 수학적 개념에 대해 주로 이야기했다. 한편 이러한 것들을 서술할 때 필요한 수학이 저기 바깥에 존재한다고 생각하는 사람들이 있다. 그러나 이러한 수학적 구조는 인간 정신의 산물이라는 것이 일반적인 생각이다. 이런 방법으로 사물을 볼 수도 있지만, 이것은 수학적 진리를 바라보는 수학자의 방식이 결코 아니며, 나의 방식도 아니다. 따라서 정신적 세계와 플라톤 세계를 연결하는 화살표를 그려 넣기는 했지만, 이것은 어떤 세계가 다른 어떤 세계에서 단순히 나왔다는 뜻이 아니다. 어떤 의미에서는 단순히 나왔다는 뜻일 수도 있지만, 화살표는 다른 세계들 사이에 관계가 있음을 나타낸다.

더욱 중요한 것은 내가 가진 세 가지 편견이 '그림 3.3'에 나타나 있다는 사실이다. 그중 하나는 원칙적으로 물리적 세계 전체를 수학으로 서술할 수 있다는 것이다. 나는 모든 수학이 물리학의 설명에 사용될 수 있다고 말하는 것이 아니다. 내가 말하려는 것은, 적절한 수학을 선택하기만 하면 이것들이 물리적 세계를 매우 정확하게 서술하며, 따라서 물리적 세계는 수학에 따라 움직인다는 것이다. 따라서 플라톤 세계에는 우리의 물리적 세계를 담당하는 작은 부분이 있다. 마찬가지로 나는 물리적 세계의 모든 것이 정신성을 갖는다고 말하지 않는다. 오히려 나는 물질적인 뿌리 없이 떠도는 정신적 대상은 없다고 말한다. 이것이 나의 두 번째 편견이다. 세 번째 편견은 우리가 수학을 이해하는 것에 대해, 최소한 원칙적으로는 플라톤 세계 안의 모든 것을 우리의 정신으로 알 수 있다는 것이다. 몇몇 사람들은 이 세 번째 편견에 우려를 나타낼 것이고, 실제로 그들은 세 가지 편견 모두에 우려를 나타낼 것이다. 이 세 가지 편견이 그림에 반영되어 있다는 사실을 나는 이 그림을 그린 후에야 깨달았다. 이 장의 끝부분에서 나는 이 그림으로 되돌아올 것이다.

이번에는 **인간의 의식**(human consciousness)에 대해 말해 보자. 특히, 이것은 과학적 설명을 해야 하는 질문인가? 내 생각에는 확실히 그렇다. 나는 특히 물리적 세계와 정신적 세계를 연결하는 화살을 매우 중요하게 여긴다. 바꿔 말하면 우리는 물리적 세계의 관점에서 정신적 세계를 이해하려고 한다.

물리적 세계와 정신적 세계에 대한 몇 가지 특징을 '그림 3.4'에 간단히 나타냈다. 그림의 오른쪽은 **물리적 세계**의 특성으로, 앞의 두 장에서 논의했던 것처럼 정확한 수학적, 물리학적 법칙들에 지배되는 것으로 이해된다. 그림 왼쪽에는 **정신적 세계**에 속한 의식이 나오고, '영혼'·'정신'·'종교' 등과 같은 단어들이 자주 나타난다. 요즘 들어 사람들은 사물에 대해 과학적으로 설명하는 것을 좋아한다. 더욱이 그들은 모든 과학적 설명을 원칙적으로 컴퓨터로 할 수 있다고 생각하는 경향이 있다. 따라서 어떤 것에 대해

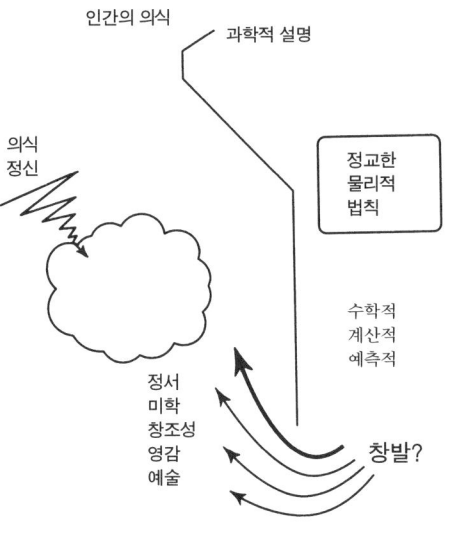

그림 3.4

수학적으로 설명을 할 수 있으면, 원칙적으로 컴퓨터로도 할 수 있다는 것이다. 나의 물리주의적 편견에도 불구하고, 이것이 바로 이 장에서 내가 **강하게 반대**하려는 것이다.

'그림 3.4'에서 물리적 법칙에 대한 설명인 **예측적, 계산적**이라는 말은 물리학 법칙이 **결정론적**이든 아니든, 또는 이 법칙들의 작용을 컴퓨터로 모사할 수 있든 없든 관계없다. 반면에 정서, 미학, 창의성, 영감, 예술 같은 정신적 대상은 계산에 의한 서술에서 나오기 어렵다는 견해가 있다. 또 다른 '과학적' 극단에 서 있는 어떤 사람들은 "우리는 단지 컴퓨터이다. 우리는 아직 이런 것들을 서술하는 방법을 모르지만, 적절한 계산 방법만 알면 '그림 3.4'의 모든 정신적인 것들을 서술할 수 있다"라고 말할 것이다. **창발**(emergence)이라는 말은 이러한 과정을 나타내는 데 자주 쓰인다. 이 사람들에 따르면, 이러한 성질들은 올바른 종류의 계산 결과에서 '창발'한다.

의식이란 무엇인가? 나는 의식을 어떻게 정의해야 하는지 모른다. 나는 지금이 의식을 정의할 때가 아니라고 보는데, 그것은 우리가 의식이 무엇인지 모르기 때문이다. 나는 의식이 물리적인 것이라고 생각하지만, 이것을 정의한다면 아마도 틀린 정의를 하게 될 것이다. 그러나 나는 어느 정도까지는 의식을 기술하려고 한다. 내가 보기에 의식에는 최소한 두 가지 측면이 있다. 하나는 의식의 수동적인 측면으로, 색깔이나 화음을 느끼는 것이나 기억의 사용 등이 여기에 들어간다. 다른 하나는 의식의 능동적 측면으로, 자유 의지와 거기에 따른 우리의 활동 등이 여기에 들어간다. 이러한 용어들은 의식의 여러 측면을 반영한다.

나는 여기에서 주로 의식의 본질적인 측면에 집중하겠다. 이것은 의식의 수동적이거나 능동적인 측면과 다른, 어쩌면 그 사이의 어딘가에 존재하는 어떤 것이다. 나는 **이해력**(understanding)이라는 말의 용법을 들고 싶은데, 어쩌면 **통찰력**(insight)이 더 나은 말일 수도 있겠다. 나는 이 용어들에 대해서 정의를 내리지는 않겠다. 사실 나는 이 용어들이 무엇을 의미하는지 모른다. 또한 나는 **인지**(awareness)와 **지능**(intelligence)이라는 말에 대해서도 알지 못한다. 나는 왜 내가 무슨 뜻인지 제대로 알지도 못하는 것들에 대해 말하려 하는가? 그것은 아마도 내가 수학자이고, 수학자들은 그런 것들에

표 3.1

A 모든 사고는 계산이다. 특히 의식이 가지는 인지의 느낌은 단순히 적절한 계산의 수행에 의해 일어난다.

B 인지는 뇌의 물리적 활동의 한 특징이다. 그리고 모든 물리적 활동을 계산에 의해 모사할 수 있지만, 계산에 의한 모사에서는 인지가 일어나지 않는다.

C 적절한 물리적 활동은 인지를 일으키지만, 이 물리적 활동을 계산으로 적절하게 모사할 수는 없다.

D 인지는 물리적이든 계산적이든 어떤 과학적 관점으로도 설명할 수 없다.

별로 구애받지 않기 때문일 것이다. 수학자들은 그들이 말하는 것들의 **관계에** 대해 무엇인가 말할 수 있다면, 그것들에 대한 정확한 정의를 필요로 하지 않는다. 여기에서 첫 번째 핵심은, 지능이란 이해를 필요로 하는 그 무엇이라는 점이다. 어떤 이해도 거부하는 상황에서 지능이라는 용어를 사용하는 것은 비합리적이라고 생각된다. 마찬가지로, 어떤 인지도 없는 상황에서 이해한다는 것도 비논리적이다. 이해는 어떤 종류의 인지를 필요로 한다. 이것이 두 번째 핵심이다. 따라서 이것은 지능이 인지를 필요로 함을 의미한다. 나는 이 용어들을 정의하지 않았지만, 이 용어들 사이에 이런 관계가 있다고 주장하는 것은 합당하다고 생각한다.

의식적 사고와 계산과의 관계에 대해 취할 수 있는 관점들은 다양하다. '표 3.1'에 인지에 대한 네 가지 접근법들을 A, B, C, D로 분류하여 요약해 놓았다.

내가 **A**라고 부르는 관점은 때로는 **강한 인공 지능**(strong artificial intelligence, strong AI) 또는 (계산적인) **기능주의**(functionalism)라고 불리며, 모든 사고는 단순히 계산을 수행하는 것이라고 주장한다. 따라서 적절한 계산을 했다면, 인지가 그 결과가 될 것이다.

두 번째 관점은 **B**라고 분류하였고, 이에 따르면 사람이 뭔가를 인지할 때의 두뇌 활동을 원칙적으로 흉내낼 수 있다고 본다. **A**와 **B**의 차이점은, 뇌의 활동을 흉내낼 수 있다고 해도 **B**에 따르면 단순한 흉내만으로는 그것을 두고 뭔가를 느꼈다거나 인지했다고 할 수 없다는 것이다. 뇌 속에서는 뭔가 다른 것이 진행되고 있으며, 어쩌면 이것은 뇌의 물리적 구조와 관련된 것일 수도 있다. 따라서 뉴런 등으로 만들어진 뇌는 인지 기능을 가지지만, 뇌의 활동에 대한 모사는 그런 기능을 가지지 못한다. 이것은 내가 아는 한 존 설(John Searle)이 지지하는 관점이다.

그 다음에는 **C**라고 부르는 나 자신의 관점이 있다. 이 관점은 **B**와 마찬가지로, 두뇌의 물리적 활동에는 인지를 일으키는 뭔가가 있다고 말한다. 다시 말해 우리가 집중해야 할 것은 물리적 활동이지만, 이 물리적 활동은 계산으로는 모사할 수 없다. 이 활동을 수행하는 모사 자체가 불가능한 것이다. 이렇게 되려면, 뇌 속에 계산을 넘어선 어떤 물리적 활동이 있어야 한다.

마지막으로 **D**라는 관점이 있으며, 이 관점에 따르면 이 문제를 과학적으로 취급하려는 시도 자체가 오류이다. 어쩌면 인지는 과학적으로 설명할 수 없는지도 모른다.

나는 관점 C를 강하게 지지한다. 그러나 C에도 여러 종류가 있다. 그중에는 **약한 C**(weak C)와 **강한 C**(strong C)로 부를 수 있는 것들이 있다. **약한 C**의 관점에서는, 알려진 물리학을 자세히 살펴보기만 하면 계산을 넘어서는 물리적 활동을 찾을 수 있다고 본다. 여기에서 '계산을 넘어서는'이라는 말의 뜻을 명료하게 해야겠지만, 잠시만 뒤로 미루자. **약한 C**에 따르면, 적절한 비계산적 활동을 찾기 위해 지금까지 알려진 물리학의 바깥을 뒤질 필요는 없다. 반면에 **강한 C**는 알려진 물리학 바깥에 있는 뭔가를 필요로 한다. 물리학에 대한 우리의 이해는 인지를 기술하기에 적절하지 않다. 이것은 불완전하다. 2장에서 보았듯이, 그리고 '그림 2.17'이 가리키듯이, 나는 물리학에 대한 우리의 상이 불완전하다고 본다. **강한 C**의 관점에서는, 미래의 과학이 의식의 본질을 설명할 수 있을지도 모르지만, 지금의 과학으로서는 아니다.

나는 '그림 2.17'에 아무 설명도 하지 않은 말을 넣었는데, 특히 **계산 가능**(computable)이 그런 말이다. 표준적인 관점에서, 양자 수준은 기본적으로 계산 가능한 물리학이고, 고전 수준은 확실히 계산 가능하다. 물론 고전 수준에는 계산 가능한 단속적 체계에서 연속적인 체계로 어떻게 넘어가는가 하는 기술적인 문제가 따른다. 이것은 중요한 문제이지만 여기에서는 건드리지 않겠다. 사실 내 생각에 **약한 C**의 지지자들은 이 불확실성 속에서 뭔가를 찾아 내야 하며, 그것은 계산에 의한 서술로는 설명할 수 없는 그 무엇이 될 것이다.

통상적으로 양자 수준에서 고전 수준으로 넘어갈 때는 내가 **R**이라고 부르는 과정을 도입하며, 이것은 완전히 확률적인 것이다. 이렇게 되면 이제 우리는 계산 가능성과 무작위성을 가지게 된다. 나는 이것이 그리 충분하지 않다고 주장하려 한다. 우리에게는 뭔가 다르고 새로운 이론이 필요하고, 두 수준을 잇는 이 이론은 비계산적인 이론이 되어야 한다. 이 말이 무슨 뜻인지는 조금 뒤에 말하겠다.

따라서 이것이 내 나름의 **강한 C**이다. 우리는 양자 수준과 고전 수준을 잇는 물리학의 비계산성을 찾아야 한다. 이것은 난감한 주문이다. 우리는 새로운 물리학이 필요할 뿐만 아니라, 뇌의 활동에 관련된 새로운 물리학도 필요하다. 이것이 내가 말하려는 것이다.

먼저 우리의 이해력에는 계산을 넘어서는 뭔가가 있다는 것이 진실인지 아닌지에 관한 문제부터 살펴 보자. 매우 좋은 예로 간단한 체스 문제가 있다. 요즈음 컴퓨터는 체스 게임을 매우 잘한다. 그런데 '그림 3.5'와 같은 체스 문제를 한때 가장 강력한 컴퓨터였던 딥 소트(Deep Thought) 컴퓨터에 주었을 때, 컴퓨터는 아주 명청한 수를 두었다. 이 판에서는 검은 말이 흰 말보다 훨씬 많다. 검은 말 쪽에는 루크(rook, 직선으로 움직이는 말) 두 개와 비숍(bishop, 대각선 방향으로 움직이는 말) 한 개가 더 있다. 흰 말의 폰(pawn, 졸)들이 장벽을 이루어 검은 말들을 막고 있지 않다면, 검은 말에게 절대적으로 유리할 것이다. 하지만 흰 말 쪽에서는 폰들의 장벽 뒤에서 어슬렁거리기만 해도 결코 질 이유가 없다. 그런데 이 상황을 딥 소트에게 주면, 컴퓨터는 즉시 검은 루크를 잡아먹고 폰들의 장벽을 열어서 절망적인 패국을 만들어 버린다. 이렇게 되는

Roger Penrose •

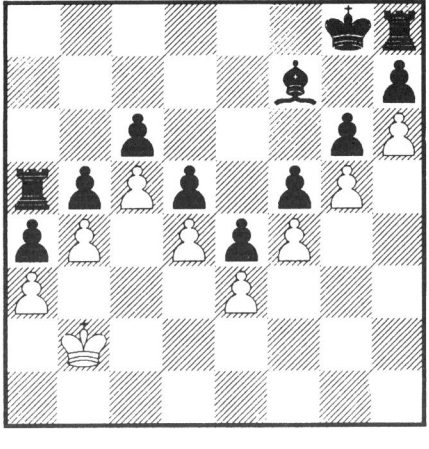

그림 3.5 흰 말 쪽에서 무승부를 만드는 것은 인간에게는 쉽다. 하지만 딥 소트는 루크를 잡아 버린다! (William Hartston이 만든 문제로 《New Scientist》, 1889호, 23쪽, 1993년에 실린 Jane Seymore와 David Norwood 의 논문에 나와 있다.)

이유는, 컴퓨터는 이렇게 두고 저렇게 두고 다시 이렇게 두고……
등등으로 일정한 몇 수까지 둔 다음에 말 수를 계산하는 식으로 프
로그램되어 있기 때문이다. 이 경우에 이런 프로그램은 충분히 대
처할 수 없다. 물론 컴퓨터가 이렇게 두고 저렇게 두고 해서 더 많
은 수를 계산한다면 잘할 수도 있을 것이다. 체스는 계산 게임이
다. 이 경우에 사람이 둔다면, 사람은 폰의 장벽을 보고 이것을 뚫
을 수 없다는 것을 이해한다. 컴퓨터는 이러한 이해력이 없다. 컴
퓨터는 단순히 이 수도 해 보고 저 수도 해 본 다음에 그중 가장 유
리한 것을 계산해 낼 뿐이다. 따라서 이 예는 단순한 계산력과 이
해력의 차이를 보여 준다.

3장 ■ 물리학과 정신 • **137**

그림 3.6 여기서도 흰 말로 무승부를 만드는 것이 인간에게는 매우 쉽지만, 체스 전문가인 컴퓨터는 보통 루크를 잡아 버린다. (William Hartson과 David Norwood에 의해 개발된 튜링 테스트(Turing test)에 근거함.)

또 다른 예(그림 3.6)를 보자. 흰 비숍으로 검은 루크를 잡고 싶은 유혹이 크지만, 바른 응수는 흰 비숍을 폰처럼 사용하여 장벽을 만드는 것이다. 컴퓨터에게 폰의 장벽을 인지하도록 가르쳤다면 컴퓨터는 첫 번째 문제를 풀 수 있을지 모르나, 두 번째 문제는 또 다른 수준의 이해력을 필요로 하기 때문에 풀지 못한다. 그러나 당신은 충분히 노력하기만 하면 모든 가능한 수준의 이해력을 가지도록 프로그램을 짜는 것이 가능하다고 볼지도 모른다. 아마 체스에서는 그렇게 할 수 있을 것이다. 체스는 계산적인 게임이기 때문에 궁극적으로 아주 강력한 컴퓨터가 있으면 모든 가능성을 끝까지 계산할 수 있을 것이다. 이것은 오늘날의 컴퓨터 용량을 훨씬

넘어서지만, 이론적으로는 가능하다. 그럼에도 불구하고, '이해한
다'는 것에는 직접적인 계산이 아닌 뭔가가 있다는 느낌이 든다.
확실히, 우리가 체스 문제를 생각하는 방법은 컴퓨터가 하는 방법
과 크게 다르다.

우리의 이해력에는 계산과는 다른 무언가가 있다는 것을 더 강
하게 논증할 수 있을까? 할 수 있다. 실제로 이 논의가 전체 토의의
주춧돌이기는 하지만, 여기에 너무 많은 시간을 보내고 싶지는 않
다. 하지만 논의가 약간 전문적으로 들어가더라도 조금은 설명을
하겠다. 『마음의 그림자』의 처음 200쪽은 지금 내가 하려는 논의
에 허점이 전혀 없다는 것을 보여 준다.

계산에 대하여 얘기를 해 보자. 계산은 컴퓨터가 하는 것이다.
실제의 컴퓨터는 메모리의 저장 용량에 한계가 있지만, 나는 **튜링
기계**(Turning machine)라고 불리는 이상적인 컴퓨터를 다루려고 하
는데, 이 컴퓨터는 보통의 범용 컴퓨터와 달리 무한한 저장 공간을
갖고 있으며, 어떤 오차도 일으키지 않고 고장도 없이 계산을 영원
히 계속할 수 있다. 계산의 예를 들어 보자. 계산은 산술에만 국한
되지 않고, 논리적인 연산도 수행할 수 있다. 여기에 한 예가 있다.

• 제곱수 세 개의 합이 아닌 수를 찾아라.

여기에서 수는 0, 1, 2, 3, 4, 5, …와 같은 **자연수**이고, 제곱수는
0^2, 1^2, 2^2, 3^2, 4^2, 5^2, … 과 같은 수이다. 이것을 푸는 방법은 다음과
같다. 이것은 실제로 하기에는 참 멍청한 방법이지만, 계산이라는

것이 무엇인지 잘 설명해 준다. 0에서 시작하여 모든 수를 제곱수 세 개의 합인지 하나씩 검사한다. 제곱했을 때 0보다 작거나 같은 모든 숫자를 찾으면, 0^2 하나뿐이다. 따라서 우리는 다음과 같이 시도해 볼 수 있다.

$$0 = 0^2 + 0^2 + 0^2$$

이것은 참이고, 따라서 0은 제곱수 세 개의 합이다.

이번에는 1을 해 보자. 제곱수가 1보다 작거나 같은 모든 숫자들을 더하는 모든 가능한 방법을 쓴 다음에, 세 수의 합이 1이 되는지 본다. 그래서 다음과 같이 쓸 수 있다는 것을 알게 된다.

$$1 = 0^2 + 0^2 + 1^2$$

이렇게 좀 지루한 일을 계속하다 보면 '표 3.2'와 같이 7에 이르면 0^2, 1^2, 2^2의 제곱수 세 개를 아무리 조합해도 7을 만들 수 없다는 것을 알 수 있다. (모든 가능성이 표에 나와 있다.) 따라서 7이 정답이다. 7은 제곱수 셋을 더해서 얻을 수 없는 가장 작은 숫자이다. 이것이 계산의 한 예이다.

이 예에서는 다행히 계산이 끝났지만, 계산들 중에는 전혀 끝나지 않는 것도 있다. 문제를 약간 바꾸어 보자.

• 제곱수 네 개의 합이 아닌 수를 찾아라.

표 3.2

0의 경우	0 이하의 제곱수는	0^2	$0 = 0^2+0^2+0^2$
1의 경우	1 이하의 제곱수는	$0^2 , 1^2$	$1 = 0^2+0^2+1^2$
2의 경우	2 이하의 제곱수는	$0^2 , 1^2$	$2 = 0^2+1^2+1^2$
3의 경우	3 이하의 제곱수는	$0^2 , 1^2, 2^2$	$3 = 1^2+1^2+1^2$
4의 경우	4 이하의 제곱수는	$0^2 , 1^2, 2^2$	$4 = 0^2+0^2+2^2$
5의 경우	5 이하의 제곱수는	$0^2 , 1^2, 2^2$	$5 = 0^2+1^2+2^2$
6의 경우	6 이하의 제곱수는	$0^2 , 1^2, 2^2$	$6 = 1^2+1^2+2^2$
7의 경우	7 이하의 제곱수는	$0^2 , 1^2, 2^2$	$7 \neq 0^2+0^2+0^2$
			$7 \neq 0^2+0^2+1^2$
			$7 \neq 0^2+1^2+1^2$
			$7 \neq 0^2+1^2+2^2$
			$7 \neq 0^2+1^2+2^2$
			$7 \neq 0^2+2^2+2^2$
			$7 \neq 1^2+1^2+1^2$
			$7 \neq 1^2+1^2+2^2$
			$7 \neq 1^2+2^2+2^2$
			$7 \neq 2^2+2^2+2^2$

모든 수는 제곱수 네 개를 더한 합으로 표현될 수 있음을 증명한 18세기 프랑스 수학자 라그랑주(Lagrange)의 유명한 정리가 있다. 따라서 이런 수를 찾는 일을 무작정 계속한다면, 컴퓨터는 영원히 돌아가기만 하고 결코 어떤 답도 찾지 못할 것이다. 이것은 끝나지 않는 계산이 정말로 있다는 것을 보여 준다.

라그랑주의 정리를 증명하는 것은 상당히 까다롭기 때문에 여기서는 모든 사람들이 이해할 수 있는 좀 더 쉬운(!) 정리를 설명하겠다.

• 두 짝수의 합인 홀수를 찾아라.

우리는 두 개의 짝수를 더하면 항상 짝수가 된다는 것을 알기 때문에, 컴퓨터에게 이 문제를 풀게 하면 끝없이 계속 작동할 것이다. 이번에는 좀더 복잡한 예를 보자.

• 2보다 큰 짝수 중에서 두 소수의 합이 아닌 숫자를 찾아라.

이 계산은 끝날 수 있을까? 일반적으로 그렇지 않다고 믿어지지만, 이것은 단지 추측일 뿐이며, 이것을 **골드바흐의 추측**(Goldbach Conjecture)이라고 한다. 이 문제는 너무 어려워서 맞는지 틀리는지 아무도 모른다. 따라서 여기에 (아마도) 끝나지 않는 계산 세 가지가 있다. 하나는 쉽고, 다른 하나는 어렵고, 나머지 하나는 너무나 어려워서 실제로 끝나는지 계속되는지 아직 아무도 모른다. 여기에서 한 가지 질문을 보자.

• 수학자들은 어떤 계산이 끝나지 않는다고 스스로를 설득하기 위해 계산 알고리듬(이것을 A라고 하자)을 사용하는가?

예를 들어 라그랑주는 머리 속에 컴퓨터 프로그램 같은 것을 가지고 있어서, 그것으로 제곱수 네 개의 합으로 모든 수를 나타낼 수

142

있다는 결론을 얻었을까? 당신이 라그랑주가 될 필요는 없다. 단지 라그랑주의 증명을 따라갈 수 있는 사람이기만 하면 된다. 나는 독창성의 문제에는 관심이 없고, 단지 이해의 문제에만 관심이 있다. 이런 이유 때문에 나는 위와 같은 방법으로 문제를 표현했던 것이다. '스스로를 설득한다'는 것은 이해를 뜻한다.

우리가 방금 다룬 특성을 가진 문장을 전문 용어로 π_1 **문장**이라고 한다. π_1 문장은 몇몇 계산은 끝나지 않는다는 의미이다. 다음에 나오는 논의를 따라가기 위해 우리는 이런 성질을 가진 문장에 대해 생각해 보아야 한다. 나는 계산 알고리듬 A와 같은 것은 없다고 당신을 설득하려고 한다.

이렇게 하기 위해서는 약간의 일반화가 필요하다. 자연수 n에 관련된 계산을 생각하자. 여기에 몇 가지 예가 있다.

- n의 제곱들의 합으로 표현되지 않는 자연수를 찾아라.

라그랑주의 정리에서 보았듯이, n이 4보다 크면, 이 계산은 끝나지 않는다. 그러나 n이 3 이하이면 계산은 끝난다. 다른 예를 보자.

- n개의 짝수의 합으로 표현되는 홀수를 찾아라.

이 문제에서 n이 어떤 값이든 문제되지 않는다. n이 어떤 값이든 계산은 끝나지 않기 때문이다. 골드바흐의 추측을 확장하면 다음과 같이 된다.

• 2보다 큰 짝수 중에서 소수 n개의 합으로 표현되지 않는 수를 찾아라.

골드바흐의 추측이 옳다면, 이 계산은 n이 어떤 값이든지(0과 1은 제외) 멈추지 않을 것이다. 어떤 의미에서는 n이 커질수록 이 계산이 더 쉬워진다. 사실, 나는 계산이 '멈추지 않는다'라고 알려진 충분히 큰 n값이 있다고 믿는다.

중요한 점은 이런 형식의 계산들이 자연수 n에 의존한다는 것이다. 이것은 사실상 **괴델 논의**(Gödel Argument)로 알려진 유명한 논의의 핵심이다. 나는 앨런 튜링(Alan Turing)의 방식에 따라 이것을 다루겠지만, 그가 했던 방법과는 약간 다르게 그 논의를 사용할 것이다. 당신이 수학적 논의를 좋아하지 않는다면, 조금 건너뛰어도 좋다. 결과만 알면 된다. 하지만 논의는 그리 복잡하지 않다. 단지 혼란스러울 뿐이다!

n이라는 수에 작용하는 계산은, 기본적으로 컴퓨터 프로그램들이다. 당신은 컴퓨터 프로그램의 목록을 만들고, 예를 들어 각각에 p라는 수를 붙일 수 있다. 따라서 범용 컴퓨터에 어떤 수 p를 입력하면, 컴퓨터는 당신이 선택한 임의의 숫자 n에 대해 'p번째' 계산을 수행할 것이다. 기호로 쓸 때는 숫자 p를 오른쪽 아래에 작게 쓴다. 따라서 n이라는 숫자에 적용되는 컴퓨터 프로그램 또는 계산을 다음과 같이 나열할 수 있다.

$$C_0(n),\ C_1(n),\ C_2(n),\ C_3(n), \cdots,\ C_p(n),\ \cdots$$

이것이 **모든** 가능한 계산 $C_p(n)$의 목록이며, 이 컴퓨터 프로그램들을 순서대로 배열하는 효과적인 방법을 발견할 수 있다고 가정하면, 숫자 p는 p번째 프로그램을 나타낸다. 이제 $C_p(n)$은 자연수 n에 적용되는 p번째 프로그램을 의미한다.

이제 우리에게 어떤 계산 또는 알고리듬 절차 A가 있어서, 이것을 (p, n)의 숫자쌍에 적용할 수 있고, 이 절차가 끝나면 계산 $C_p(n)$이 무한하다고 타당하게 증명한다고 하자. $C_p(n)$이 무한한 계산인 경우에도 $A(p, n)$의 계산이 끝나지 않을 수 있기 때문에, 이런 의미에서 A는 항상 정확한 판별 결과를 내지는 않는다. 그러나 A는 실수를 하지 않으므로, $A(p, n)$이 끝날 경우에 $C_p(n)$이 무한한 계산이라고 말할 수 있다. 인간 수학자가 어떤 수학적 명제(예를 들어 π_1 **문장**)에 대해 엄밀한 수학적 증명을 고안한다(또는 그것에 따른다)고 생각하자. 또한 수학자가 A를 알아낼 수 있고, 그것이 좋은 절차임을 **믿는다**고 가정하자. 또 인간 수학자가 생각하기에 계산이 끝나지 않는다는 것을 설득력 있게 증명하는 모든 절차가 A에 포함된다고 상상하자. 알고리즘 절차 A는 문자 p를 읽어서 컴퓨터 프로그램을 선택하는 것으로 시작되고, 그 다음에는 숫자 n을 읽어서 그 수에 계산을 적용한다. 이렇게 해서 계산 A가 끝나면, 그것은 계산 $C_p(n)$이 무한히 계속된다는 것을 의미한다. 따라서 다음과 같다.

$A(p, n)$이 끝나면, $C_p(n)$은 끝나지 않는다. (1)

이것이 A가 하는 일이다. 이것은 어떤 계산이 무한히 계속된다는 것을 확고하게 입증한다.

그러면 $p = n$으로 두자. 어쩌면 이것이 이상해 보일 수도 있다. 이것은 **칸토르의 대각선 절차**(Cantor's Diagonal Procedure)라고 알려진 유명한 절차이며, 이것을 사용하는 데는 아무런 잘못도 없다. 그러면 다음과 같은 결론에 이른다.

$A(n, n)$가 끝나면, $C_n(n)$은 끝나지 않는다.

그러나 $A(n, n)$은 한 숫자에만 의존하고, 따라서 $A(n, n)$은 변수 하나만을 바꿔 가며 계산하는 컴퓨터 프로그램 $C_p(n)$ 중의 하나이다. $A(n, n)$과 똑같은 컴퓨터 프로그램을 k로 표시한다면, 다음과 같이 쓸 수 있다.

$$A(n, n) = C_k(k)$$

$n = k$로 놓으면, 다음과 같이 된다.

$$A(k, k) = C_k(k)$$

따라서 명제 (1)에 따라, 다음과 같은 결론을 얻는다.

$A(k, k)$가 끝나면, $C_k(k)$는 끝나지 않는다.

146

그러나 $A(k, k)$는 $C_k(k)$와 같다. 그러므로 $C_k(k)$가 끝나면, 이것은 끝나지 않는다. 다시 말해 끝나지 않는다는 뜻이다. 이것은 꽤 명료한 논리이다. 그러나 여기에는 함정이 있다. 이 특별한 계산은 끝나지 않으며, 우리가 A를 믿는다면 $C_k(k)$가 끝나지 않는다는 것도 믿어야만 한다. 그러나 A도 역시 끝나지 않고, 따라서 $C_k(k)$가 끝나지 않는다는 것을 '알지' 못한다. 따라서 계산 절차는 결국 어떤 계산들이 끝나지 않는지, 다시 말해 π_1 문장이 참인지 거짓인지 판단하는 수학적 추론의 총체성을 가질 수 없다. 이것이 내가 필요로 하는 형태로 된 괴델–튜링 논의의 요점이다.

아마 여러분은 이 논의가 미치는 힘에 의문을 가질 수도 있다. 이 논의가 명료하게 말하는 것은, 수학적 통찰력은 **우리가 옳다고 알 수 있는** 계산의 형태로 부호화될 수 없다는 것이다. 사람들은 때때로 여기에 이의를 달기도 하지만, 내게는 이것이 명백한 함축으로 보인다. 튜링과 괴델이 이 결과에 관해 말한 것을 읽어 보면 흥미롭다. 다음은 튜링의 말이다.

다시 말해 기계가 전혀 실수를 하지 않으려면, 기계는 지능을 갖지 않아야 한다. 거의 정확히 똑같은 것을 말하는 정리가 여러 개 있다. 그러나 이 정리들은 기계가 실수하지 않는다고 확신하기 위해 얼마나 많은 지능을 보여야 하는지에 대해 말해 주지 않는다.

따라서 그의 생각은, 괴델–튜링 형 논의는 "수학적 진리를 확인하기 위해 따르는 알고리듬 절차가 기본적으로 **건전하지 않다면,**

수학자는 본질적으로 컴퓨터이다"라는 생각과 어울릴 수 있다는 것이다. 여기서 우리는 산술적 명제로 관심을 제한할 수 있다. 예를 들어 π_1 문장처럼 매우 제한적인 형태의 명제만을 다루는 것이다. 내 생각에 튜링은 인간의 정신이 알고리듬을 사용하지만 이 알고리듬은 틀렸다고, 다시 말해 건전하지 않다고 보았다. 나는 이것이 적절하지 못한 입장이라고 생각한다. 그 이유는, 특히 사람이 어떻게 영감을 얻는지가 아니라 어떻게 논증을 따라가고 이해하는가를 고려하기 때문이다. 내가 보기에 튜링의 입장은 적절하지 않으며, 나는 튜링을 **A**형 사람으로 분류하겠다.

괴델은 무슨 말을 했는지 살펴 보자. 내 분류 체계에서 괴델은 **D**형 사람이다. 튜링과 괴델은 똑같은 증거를 가지고도 완전히 반대의 결론에 도달했다. 괴델은 수학적 통찰력을 계산으로 환원할 수 있다고 믿지 않았지만, 엄밀하게 이 가능성을 배제할 수 없었다. 괴델은 이렇게 말했다.

반면에, 이제까지 증명된 것들을 기초로 정리를 증명하는 기계가 존재할(심지어 실제로 발견될) 수 있으며, 이것은 사실 수학적 직관과 동일하다. 그러나 이것은 **증명**될 수 없을뿐더러, 유한한 단계로 입증되는 정수론의 **올바른** 정리만을 생산한다고도 증명될 수 없다.

괴델의 논의는 계산주의(computationalism, 또는 기능주의(func-tionalism))에 대한 반박으로 괴델 – 튜링 논의를 직접 사용하는 데

Roger Penrose •

에 허점이 있다는 것이었다. 즉 수학자들은 건전한 알고리듬 절차를 사용하지만, 우리가 그것이 건전한지 알 수 없을지도 모른다는 것이다. 그러므로 괴델이 허점이라고 생각한 것은 **알 수 있는** 부분이었고, 튜링이 근거로 삼은 것은 **건전한** 부분이었다.

나의 견해로는 둘 다 이 논의에서 출발하는 적절한 방식이 아니다. 괴델–튜링 정리가 말하는 것은, 문장을 입증하기 위한 어떤 알고리듬 절차(π_1)가 건전하다고 확인했다면 그 절차 밖으로 벗어나야 한다는 것이다. 우리는 건전하다고 확인할 수 없는 알고리듬 절차를 사용하고 있을 수도 있고, 이러한 능력을 개발하게 해 주는 어떤 학습 장치가 있을지도 모른다. 이 주제와 다른 많은 것들이 『마음의 그림자』에 자세히 나와 있다. 여기에서는 이것들을 되풀이하지 않고, 두 가지 요점만 말하겠다.

위에서 추측한 알고리듬은 어떻게 나왔을까? 인간의 경우에는 아마도 자연 선택을 통해 나왔을 것이고, 로봇의 경우에는 의도적인 AI(인공 지능)의 구축을 통해 나왔을 것이다. 나는 여기에 대해 상세하게 논의하지 않고, 내 책에 있는 만화 두 개로 간단히 설명하겠다.

첫 번째 만화는 **자연 선택**(natural selection)에 관한 것이다(그림 3.7). 여기에 그려진 수학자는 자연 선택의 관점에서 보면 매우 불행한 처지에 있다. 검치호가 막 이 수학자를 덮치려 하고 있기 때문이다. 반면에 만화에 같이 나오는 다른 사촌들은 맘모스를 사냥하고, 집을 짓고, 농작물을 재배하는 등의 일을 하고 있다. 이런 일에도 이해력이 관련되지만, 그것이 굳이 수학적인 이해력일 필요

3장 ▪ 물리학과 정신 • **149**

그림 3.7 우리의 먼 조상들에게는 정교한 수학적 능력이 생존 경쟁에 유용하지 않았지만, 일반적인 이해 능력은 생존 경쟁에 큰 도움이 되었다.

는 없다. 따라서 이해력이라는 성질은 자연 선택에 의해 우리에게 주어진 것일 수 있지만, 수학을 하기 위한 특별한 알고리듬은 그러한 방식으로 주어지지 않는다.

다른 만화는 **의도적인 인공 지능**과 관련이 있으며, 내 책에는 미래의 인공 지능 전문가가 로봇과 토론을 하는 짧은 이야기가 있다 (그림 3.8). 그 책에 나오는 전체 논의는 다소 길고 복잡해서, 여기에서는 그것에 대해 모두 이야기할 필요가 없다고 생각한다. 내가 괴델 – 튜링 논의를 사용하는 방식에 대해서 모든 종류의 사람들이 모든 종류의 관점에서 공격했고, 이 모든 점들에 대해 언급해야 할 필요가 있었다. 나는 『마음의 그림자』에서 인공 지능 연구자와 로봇의 대화에 나온 이 모든 새로운 논의를 요약하려고 노력했다.

다시 원래의 질문으로 돌아가자. 괴델의 논의는 숫자에 대한 특

150

그림 3.8 '앨버트 임퍼레이터(Albert Imperator)'가 수학적 사이버시스템 (Mathematically Justified Cybersystem)과 마주하고 있다. 『마음의 그림 자』의 처음 200쪽은 괴델-튜링 논의의 적용에 관한 비판에 대해 반박한다. 인공 지능 연구자와 그의 로봇이 나누는 대화 속에 이 새로운 논의들의 핵 심이 들어 있다.

정한 진술들과 관련이 있다. 괴델이 말하는 것은 어떤 계산 규칙의 체계도 **자연수**의 속성들을 규정지을 수 없다는 것이다. 계산으로 자연수를 규정할 수 없다는 사실에도 불구하고, 아이들조차 자연 수가 무엇인지 안다. 당신이 해야 할 일은 '그림 3.9'처럼 여러 가 지 물체를 개수대로 보여 주는 것뿐이고, 이렇게 한참 하다 보면 아 이들은 자연수 개념을 추상해 낸다. 당신은 아이들에게 계산의 규 칙을 가르치지 않는다. 당신이 하는 것은 자연수가 무엇인지 아이

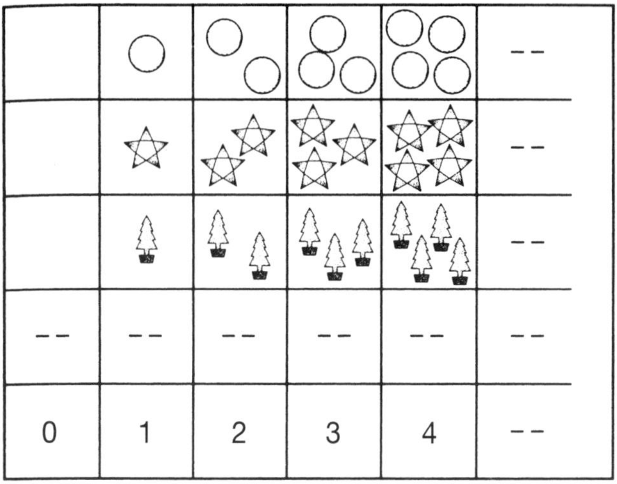

그림 3.9 아이들은 몇 가지 간단한 예들만 가지고 자연수에 대한 플라톤
적 개념을 추상할 수 있다.

들이 '이해'하도록 도와 주는 것뿐이다. 나는 아이들이 수학의 플
라톤 세계와 어떤 종류의 '접촉'을 할 수 있다고 말한다. 어떤 사람
들은 수학적 통찰력에 대해 이런 식으로 말하는 것을 좋아하지 않
지만, 어떤 일이 벌어지는지에 대한 관점을 가져야 한다고 나는 생
각한다. 자연수는 '저기'에 이미 있어서 플라톤 세계의 어딘가에
존재하고, 우리는 사물을 인지하는 능력을 가지고 그것을 알아보
는 것이다. 괴델 정리가 보여 주듯이, 규칙이 우리에게 자연수의
성질을 이해시키는 것은 아니다. 자연수가 무엇인지 이해하는 것
은 플라톤 세계와의 접촉을 보여 주는 좋은 예이다.

　따라서 나는 좀 더 일반적으로, 수학적 이해력은 계산적인 것이 아니라 상당히 다른 그 무엇이며, 사물을 인지하는 우리의 능력에 의존하는 어떤 것이라고 말한다. 사람들은 이렇게 말할 수 있다. "글쎄, 당신이 증명했다고 주장하는 것은 수학적 통찰력이 계산적이 아니라는 것이다. 하지만 그것은 의식의 다른 형태에 관해 별로 말해 주는 것이 없다." 내가 보기에는 이것으로 아주 충분하다. 수학적 이해력과 다른 종류의 이해력 사이에 선을 긋는 것은 합당하지 않다. 이것이 바로 첫 번째 만화(그림 3.7)에서 설명하려 했던 것이다. 이해력은 수학에만 한정된 것이 아닌 그 무엇이다. 인간은 일반적인 이해력을 가지고 있으며, 수학적인 이해력이 계산적인 것이 아니기 때문에, 일반적인 이해력도 계산적인 것이 아니다. 나는 인간의 이해력과 일반적인 인간의 의식 사이에도 선을 긋지 않는다. 그러므로 나는 인간의 의식이 무엇인지 모른다고 말했지만, 내가 보기에 인간의 이해력은 의식의 한 예이거나 최소한 의식을 필요로 한다. 나는 또한 인간의 의식과 동물의 의식 사이에도 선을 그으려고 하지 않는다. 아마 나는 여기에 대해 다른 사람들과의 분쟁에 휩싸일 것이다. 내가 보기에 인간은 다른 동물과 매우 비슷하고, 인간이 다른 동물보다 이해력이 더 뛰어나기는 하지만, 그 동물들도 어떤 종류의 이해력을 가지므로 인지 능력(arwareness)도 가진다.

그러므로 의식의 **한** 측면이 가지는 비계산성, 특히 수학적 이해력이 가지는 비계산성은, 비계산성이 **모든** 의식의 특징임을 강하게 암시한다. 이것이 나의 제안이다.

그렇다면 비계산성은 무엇을 의미하는가? 나는 여기에 대해 많은 얘기를 했지만, 내가 의미하는 것이 무엇인지 보이기 위해 비계산성의 한 예를 들겠다. 내가 들려고 하는 예는 흔히 **장난감 모형 우주**(toy model universe)라고 불리는 것으로, 물리학자들이 더 좋은 것을 생각해 내지 못할 때 만드는 것이다. (이것을 해 보는 것은 그리 나쁜 일이 아니다!) 장난감 모형에서 요점은, 그것이 우주의 실제 모형이라고 우기지 않는 것이다. 이것이 우주의 어떤 특징을 반영할 수도 있지만, 실제 우주 모형으로 진지하게 다룰 목적으로 만든 것은 아니다. 이런 의미에서 장난감 모형은 진지하게 다룰 목적으로 만들어지지 않는다. 이것은 단지 어떤 특징을 설명하기 위한 것이다.

이 모형에서 시간은 0, 1, 2, 3, 4, …와 같이 불연속적으로 가고, 어느 한 시점에서 우주는 폴리오미노 세트(polyomino set)에 의해 주어진다. 폴리오미노 세트란 무엇인가? '그림 3.10'에 몇 가지 예가 있다. 폴리오미노는 정사각형들이 여러 가지 모양으로 달라붙은 평면 도형이다. 이제 이 장난감 모형에서, 어느 한 순간에 우주의 상태는 두 개의 분리된 유한한 폴리오미노 세트에 의해 주어진다. '그림 3.10'에서, 어떤 계산적 방법에 의해 S_0, S_1, S_2, …로 표시된 모든 가능한 유한한 폴리오미노 세트 전체를 생각하자. 이 우스꽝스러운 우주의 진행 또는 동역학은 어떻게 될까? 시간 0에서 폴리오미노 세트(S_0, S_0)로 시작해서, 정확한 규칙에 따라 폴리오미노 세트를 계속 바꿔 간다. 규칙은 단순히 그 세트의 폴리오미노로 평면 전체를 덮을 수 있는가에 달려 있다. 따라서 문제는 주어진 폴리오미노 세트만으로 공백이나 겹침 없이 전체 평면을 덮을 수 있느냐 하는 것이다. 어떤 순간에 장난감 모형의 우주 상태가 폴리오

154

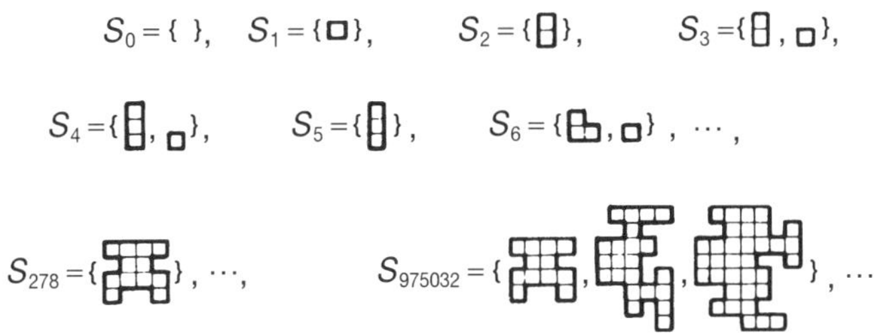

Roger Penrose •

$$S_0 = \{\ \}, \quad S_1 = \{\square\}, \quad S_2 = \{\text{▤}\}, \quad S_3 = \{\text{▤}, \square\},$$

$$S_4 = \{\text{▤}, \square\}, \quad S_5 = \{\text{▤}\}, \quad S_6 = \{\text{▥}, \square\}, \cdots,$$

$$S_{278} = \{\text{▦}\}, \cdots, \quad S_{975032} = \{\text{▦}, \text{▦}, \text{▦}\}, \cdots$$

그림 3.10 비계산적인 장난감 모형 우주. 결정론적이지만 비계산적인 이 장난감 우주의 여러 상태는 유한한 폴리오미노 세트의 쌍으로 표현된다. 첫 번째 쌍의 세트가 평면을 다 덮으면, 다음 시간으로 넘어갈 때 첫 번째 세트의 번호를 증가시키고 두 번째 세트는 전과 같다. 첫 번째 세트가 평면을 다 덮지 못하면, 다음 시간으로 넘어가면서 쌍의 순서를 바꾼다. 이것은 다음과 같이 진행된다. (S_0, S_0), (S_0, S_1), (S_1, S_1), (S_2, S_1), (S_3, S_1), (S_4, S_1), $\cdots$, (S_{278}, S_{251}), (S_{251}, S_{279}), (S_{252}, S_{279}), $\cdots$.

미노 세트(S_q, S_r)이라고 하자. 이 모형의 진행 규칙은, S_q 폴리오미노들로 평면을 덮을 수 있으면 S_q의 다음 세트로 진행해서, 즉 (S_{q+1}, S_r) 쌍이 다음 순간의 우주 상태가 된다. S_q로 평면을 덮을 수 없으면, 쌍의 순서를 맞바꿔서 (S_r, S_{q+1})로 진행한다. 이것은 매우 단순하고 멍청한 작은 우주이다. 이 모형의 핵심은 무엇인가? 핵심은 진행이 완전히 결정론적이어도(나는 우주가 어떻게 진행하는지에 대해 아주 명료하고 절대적으로 결정론적인 규칙을 주었다) 이것을 계산할 수 없다는 것이다. 이 결과는 로버트 버거(Robert Berger)의 정리에 따른 것으로, 이 정리에 의하면 폴리오미노 세트가 평면을 언제 완전히 덮을지 계산으로 결정할 수 없기 때문에 이 우주의 진행을 컴퓨터로 모사할 수 없다.

3장 물리학과 정신 • 155

이것은 계산 가능성과 결정론이 다르다는 점을 설명한다. '그림 3.11'에 폴리오미노 붙이기에 대한 몇 가지 예가 있다. (a)와 (b)에서는 그림처럼 평면을 완전히 덮는다. (c)에서는 오른쪽이나 왼쪽의 모양 한 가지만으로는 평면을 완전히 덮을 수 없어서, 두 경우모두 공백이 생긴다. 그러나 오른쪽과 왼쪽 모양을 함께 사용하면평면 전체를 덮을 수 있다. (d)도 평면 전체를 덮는다. 이것은 여기에 그려진 것처럼 붙였을 때만 평면을 완전히 덮을 수 있어서, 타일붙이기가 얼마나 복잡해질 수 있는지 보여 준다.

그렇지만 상황이 훨씬 더 나빠질 수도 있다. '그림 3.12'의 예를보자. 사실 로버트 버거의 정리는 이런 타일 세트가 있기 때문에성립한다. 그림의 맨 위에 있는 세 가지 타일은 전체 평면을 덮지만, 일정한 형태가 반복되게 붙이는 방법은 없다. 타일을 계속 붙여 나가면 형태가 자꾸 달라지며, 평면 전체를 덮을 수 있다고 확인하는 것도 쉽지 않다. 그렇지만 전체를 덮을 수 있다고 확인할 수있고 이런 것이 존재하기 때문에, 로버트 버거의 논의에서 이 장난감 우주를 컴퓨터로 모사할 수 있는 프로그램이 없다는 결론이 나온다.

실제의 우주는 어떨까? 나는 2장에서 우리의 물리학에는 뭔가근본적으로 빠진 것이 있다고 주장했다. 이 빠져 있는 물리학 안에비계산적인 뭔가가 있을 것이라고 생각할 이유가 물리학 속에 있을까? 내 생각에 이것을 믿을 몇 가지 이유가 있다. 어쩌면 진정한양자 중력 이론은 비계산적일 수 있다. 이것은 내 마음대로 지껄이는 것이 아니다. 양자 중력에 대한 두 가지 독립적 접근 방법이 비

Roger Penrose •

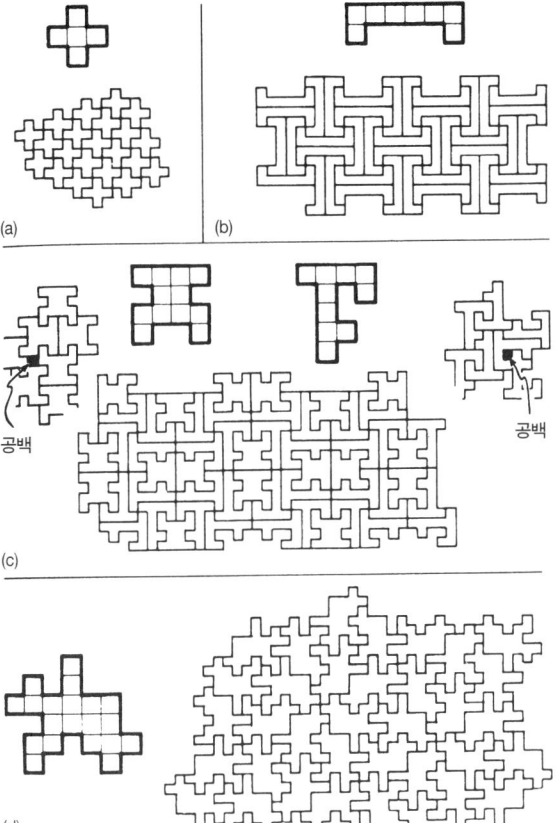

그림 3.11 무한한 유클리드 평면을 덮을 수 있는 폴리오미노 세트들(뒤집어 붙여도 좋을 때). 그러나 (c)의 폴리오미노는 한 종류만으로는 평면을 완전히 덮지 못한다.

3장 ▪ 물리학과 정신 • 157

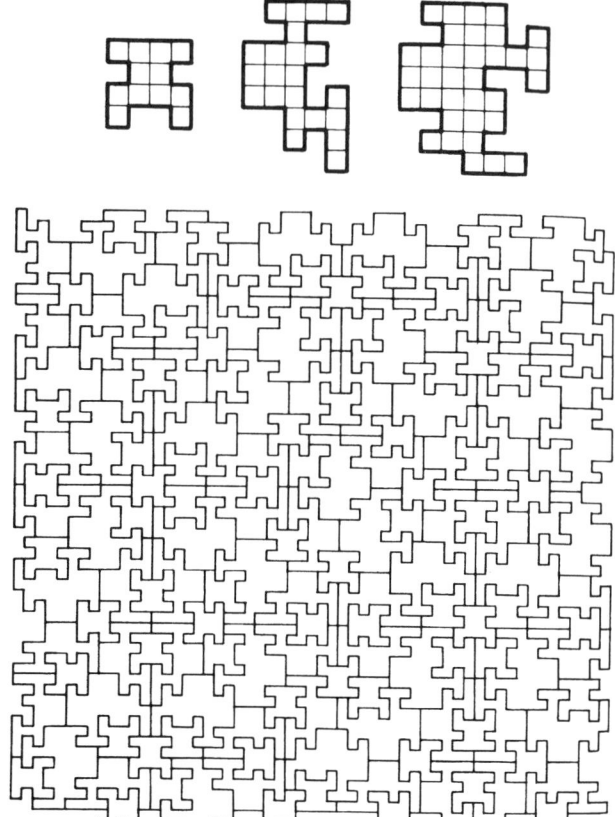

그림 3.12 이 세 가지 폴리오미노는 평면을 완전히 덮을 수 있지만 전혀
규칙성이 없다.

계산성을 특징으로 가진다. 이 특정한 접근 방법이 다른 방법과 구별되는 점은, 4차원 시공간의 양자 중첩을 포함한다는 것이다. 다른 방법들은 단지 3차원 공간에서의 중첩만을 포함한다.

첫 번째는 제로치 – 하틀(Geroch – Hartle)의 양자 중력 체계로, 이 체계는 비계산적 요소를 가진다는 것이 밝혀졌는데, 그 이유는 마르코프(Markov)에 의해 4차원 위상 다양체는 계산에 의해 분류될 수 없다는 결과가 나오기 때문이다. 여기에서는 이 전문적인 문제를 다루지 않겠지만, 이러한 비계산적 특징이 이미 일반 상대성 이론과 양자역학을 결합하는 시도에서 자연스럽게 나왔다는 것을 보여 준다.

양자 중력에서 나온 비계산성의 두 번째 예는 데이비드 도이치(David Deutsch)의 연구이다. 이 논의는 발표되기 전에 그가 돌린 논문에 들어 있었지만, 막상 발표된 논문에는 없었다! 왜 이렇게 되었는지 그에게 물었더니, 그는 이 논의가 틀렸기 때문이 아니라 논문의 나머지 부분에서 이 내용이 중요하지 않아 뺐다고 말했다. 그의 관점은, 이 이상한 시공간 중첩에서는 최소한 잠재적으로 닫힌 시간형 세계선(그림 3.13)을 가지는 우주를 고려해야 한다는 것이다. 이런 우주에서는 인과성이 깨져서 과거와 미래가 뒤죽박죽이 되고, 인과적인 영향이 고리를 이루며 돌게 된다. 2장의 폭탄 검사 문제처럼 이것은 단지 반사실의 역할에 필요할 뿐이지만, 여전히 이것은 실제로 무엇이 일어날지에 대해 영향을 미친다. 나는 이것이 명료한 논의라고 말하지는 않겠지만, (언젠가 알아낼지 모를) 올바른 이론이 비계산적인 성격을 가진다는 표시는 충분히 될 수 있

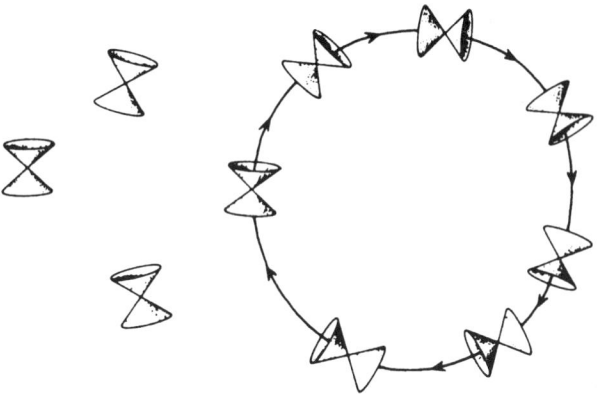

그림 3.13 시공간에서 빛원뿔이 크게 기울면 닫힌 시간형 세계선이 발생할 수 있다.

다고 생각한다.

다른 문제를 생각해 보자. 나는 결정론과 계산성이 다른 것이라고 강조했다. 이것은 **자유 의지**의 문제와도 조금 관련이 있다. 철학적 토론에서 자유 의지는 항상 결정론의 관점에서 논의되었다. 즉 "미래는 과거에 의해 결정되는가?"라는 물음과 자유 의지가 함께 논의되었다. 내가 보기에 여기에는 따져 봐야 할 여러 가지 문제가 있다. 예를 들어 "미래는 과거에 의해 **계산적으로** 결정되는가?"라는 것은 또 다른 질문이다.

이런 고려는 다른 종류의 문제를 제기한다. 나는 단지 문제를 제기할 뿐, 여기에 대한 대답을 시도하지는 않을 것이다. **유전과 환경**이 우리의 행동을 어느 정도까지 결정하는지에 대해서는 항상 많은 논의가 있어 왔다. 그러나 **우연**의 역할에 대해서는 이상하게도

160

자주 언급되지 않는다. 어떤 의미에서, 이 모든 것들은 우리가 어찌할 수 없는 것들이다. 이런 질문을 할 수도 있다. "**자아**(self)라고 부르는 어떤 것이 있어서, 이것은 이 모든 것들과 다르면서 이 모든 것들의 영향을 넘어서 있는가?" 이러한 생각에는 법적인 문제까지 관련된다. 예를 들어, 권리나 의무에 대한 질문들은 독립된 '자아'의 행동에 의존하는 것으로 보인다. 이것은 아주 미묘한 문제이다. 우선 **결정론**과 **비결정론**에 대한 비교적 명확한 논의가 있다. 보통의 비결정론은 단순한 무작위성을 포함하지만, 이것은 별로 도움이 되지 못한다. 우연의 이러한 요소들은 여전히 우리가 어찌할 수 없는 것들이다. 이것들 대신에 **비계산성**을 생각해 보자. 어쩌면 더 높은 차원의 비계산성(higher-order types of non-computability)이 있을 수도 있다. 내가 제시한 괴델 형의 논의가 실제로 다른 수준에 적용될 수 있다는 것은 참으로 신기한 일이다. 이것은 튜링이 신탁 기계(oracle machine)라고 불렀던 수준에도 적용될 수 있으며, 이 논의는 실제로 내가 앞에서 했던 방법보다 훨씬 더 일반적이다. 그러므로 어떤 종류의 고차원적인 비계산성이 있어서 실제의 우주가 진행하는 방식과 관련있는지 살펴 보아야 한다. 아마도 자유 의지에 관한 우리의 느낌은 이것과 어떤 관계가 있을 것이다.

나는 앞에서 플라톤 세계와의 접촉에 관해 말했다. 이 '플라톤적 접촉'의 본성은 무엇일까? 거기에는 비계산적인 요소를 가진다고 보이는 몇 가지 단어가 있다. 예를 들어 판단력, 상식, 통찰력, 미적 감각, 연민, 도덕, …… 이런 것들은 단지 계산적인 특징만으로 설명되지 않는 것 같다. 지금까지 나는 주로 수학의 관점에서

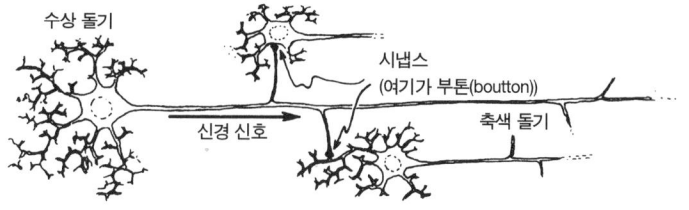

그림 3. 14 뉴런의 모습. 시냅스에 의해 다른 뉴런들과 연결된다.

플라톤 세계에 대해 말해 왔지만, 여기에 포함시켜야 할 다른 것들도 있다. 플라톤은 진리뿐만 아니라 선과 미도 절대적(플라톤적) 관념으로 보았다. 플라톤적인 절대성에 대한 접촉이 실제로 존재하고, 우리의 인지 능력이 이것을 가능하게 한다면, 그리고 이 능력을 계산적인 것으로 설명할 수 없다면, 이것은 내가 보기에 아주 중요한 문제이다.

뇌에 대해서는 어떤가? '그림 3.14'는 뇌의 일부를 보여 준다. 뇌는 주로 **뉴런**으로 구성되어 있다. 뉴런에서 중요한 부분은 **축색 돌기**라는 매우 긴 섬유 조직이다. 축색 돌기들은 여러 군데에서 갈라지며, 각각의 끝에는 **시냅스**가 있다. 시냅스는 뉴런에서 (주로) 다른 뉴런으로 신경 전달 물질이라는 화학 물질에 의해 신호가 전달되는 접합점이다. 어떤 시냅스는 흥분성이어서 다음 뉴런의 흥분을 강화하는 신경 전달 물질과 함께 작동하고, 또 어떤 시냅스는 억제성이어서 다음 뉴런의 흥분을 억제하는 신경 전달 물질에 의해 작동한다. 뉴런에서 뉴런으로 신호를 전달하는 시냅스의 신뢰도는 시냅스의 **세기**(strength)로 표시할 수 있다. 시냅스의 세기가 모

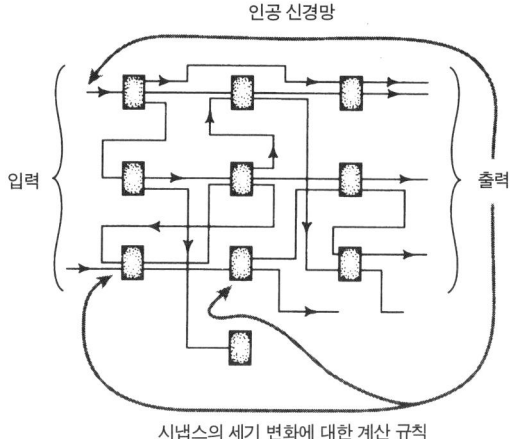

인공 신경망

입력

출력

시냅스의 세기 변화에 대한 계산 규칙

그림 3. 15

두 똑같다면, 두뇌는 컴퓨터와 매우 유사할 것이다. 그렇지만 시냅
스의 세기가 변한다는 것이 확실하며, 이것이 어떤 방법으로 변하
는지에 대해 여러 가지 이론이 있다. 예를 들어 헤브(Hebb) 메커니
즘은 가장 먼저 제안된 이론이다. 그러나 여기에서 요점은, 변화에
대해 이제까지 제안된 이론은 모두 계산적인 것이고, 확률적 요소
가 조금씩 더 들어가 있을 뿐이라는 것이다. 따라서 시냅스의 세기
가 변하는 방식에 대한 계산 및 확률적 규칙을 알면, 뉴런과 시냅스
의 작용을 컴퓨터로 모사할 수 있으며(확률적 요소도 컴퓨터로 쉽게
모사할 수 있기 때문에), '그림 3.15'와 같은 체계를 얻을 수 있다.

'그림 3.15'의 장치는 트랜지스터로 만들어졌다고 가정할 수 있
는 것으로, 두뇌에서 뉴런에 해당하는 역할을 한다. 예를 들어 인
공 신경망으로 알려진 특별한 전기 장치를 생각해 보자. 이러한 회

로에는 시냅스의 세기를 변화시키는 여러 가지 규칙이 들어가 있고, 이 규칙들은 주로 어떤 출력의 질을 향상시키기 위한 것이다. 그러나 이 규칙들은 항상 계산적인 것이다. 이것을 입증하는 것은 아주 쉬운데, 컴퓨터로 모사할 수 있다는 것은 계산적이라는 좋은 근거이다. 이것 자체가 하나의 검증이다. 모형을 컴퓨터로 구축할 수 있으면, 그것은 계산적인 것이다. 예를 들어 제럴드 에델먼(Gerald Edelman)은 계산적이지 않다고 주장하는 몇 가지 두뇌 작동 원리를 검사했다. 그는 무슨 일을 했는가? 그는 이 모든 제안을 모사하는 컴퓨터를 가지고 있었다. 따라서 이것을 모사하는 컴퓨터가 있으면, 그것은 계산적인 것이다.

나는 이런 질문을 하고 싶다. "각각의 뉴런은 무슨 일을 하는가? 이것들은 단지 계산 장치의 일부로만 작동하는가?" 뉴런은 세포이며, 세포는 매우 정교하다. 실제로 세포는 매우 정교해서 하나만 가지고도 매우 복잡한 일을 할 수 있다. 예를 들어 단세포 동물인 짚신벌레는 먹이를 향해 헤엄쳐 나가고, 위험을 피하고, 장애 앞에서 타협하는 등 분명히 경험을 통해 배운다(그림 3.16). 이런 일들을 하기 위해서는 신경계가 필요할 것이라고 생각하겠지만, 짚신벌레는 확실히 신경계가 없다. 짚신벌레 자체가 하나의 뉴런이라고 가정하는 것이 최선이겠지만, 짚신벌레는 분명히 뉴런이 없고, 오로지 단세포로만 구성되어 있다. 이러한 사실은 아메바에도 똑같이 적용된다. 문제는 "어떻게 그것들이 그렇게 할 수 있는가?"이다.

세포 골격(여러 가지 일을 하지만, 특히 세포의 형태를 잡아 주는 구

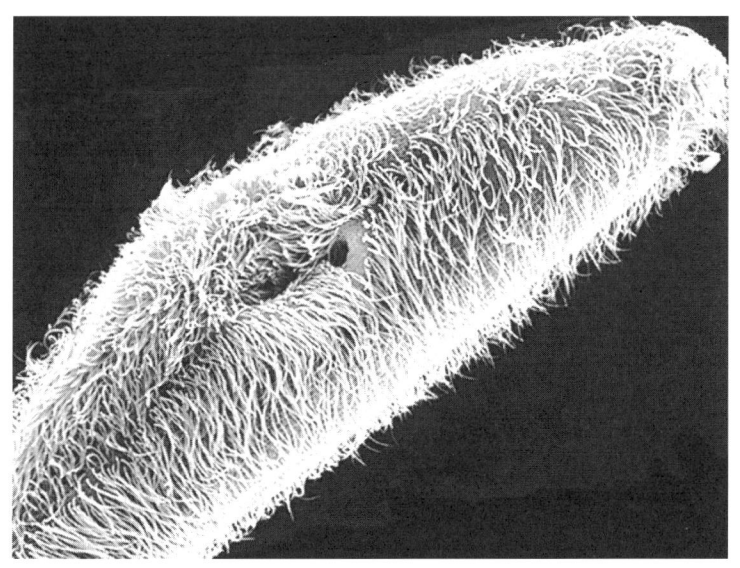

그림 3.16 짚신벌레. 머리카락처럼 생긴 섬모로 헤엄을 친다. 이 섬모들은 짚신벌레의 세포 골격을 이루어 손발 노릇을 한다.

조)이 이런 단세포 동물들의 복잡한 활동을 통제한다는 의견이 있다. 짚신벌레의 경우, 헤엄칠 때 사용하는 작은 털 또는 섬모는 세포 골격의 끝부분이고, 대부분의 털들은 **미세소관**이라는 작은 관 모양의 구조로 되어 있다. 세포 골격은 이런 미세소관들로 구성되어 있고, 액틴과 함께 중간에 섬유가 들어 있다. 아메바도 미세소관을 이용하여 위족을 뻗으며 돌아다닌다.

미세소관은 특별한 것이다. 짚신벌레가 헤엄칠 때 사용하는 섬모는 기본적으로 미세소관의 다발이다. 더욱이 미세소관은 유사분열, 즉 세포 분열과 크게 관련 있다. 이러한 사실은 보통 세포의 미세소관에 적용되지만, 뉴런에서는 그렇지 않다. 뉴런은 분열하지 않으며, 이것이 아마도 중요한 차이점일 것이다. 세포 골격을 통제하는 중심은 **중심체**(centrosome)로 알려진 구조인데, 이것의 가장 중요한 부분인 **중심소립**(centriole)은 분리된 'T' 모양의 미세소관 두 다발로 이루어져 있다. 중심체가 막 분열하려는 단계에서, 중심소립의 두 원통은 각각 하나씩의 원통을 성장시켜 두 개의 중심소립 T를 만든 다음, 서로 분리되어 각각이 미세소관의 다발을 끌어당기는 모습을 보인다. 이 미세소관 섬유가 분열된 중심체의 두 부분을 세포핵 속의 DNA 가닥에 연결하면, 이 DNA 가닥은 분리된다. 이 과정이 세포 분열을 일으킨다.

뉴런에서는 이 과정이 일어나지 않는데, 뉴런은 분열을 하지 않기 때문이고, 따라서 미세소관은 어떤 다른 일을 할 것이다. 미세소관들은 뉴런에서 무슨 일을 할까? 틀림없이 미세소관은 많은 일을 할 것이고, 그중에는 세포 속의 신경 전달 물질을 운반하는 일도 포함되겠지만, 특히 시냅스의 세기를 결정하는 일도 할 것이다. '그림 3.17'은 뉴런과 시냅스의 단면도이고, 여기에는 미세소관과 액틴 섬유의 대략적인 위치도 표시되어 있다. 미세소관이 시냅스의 세기에 영향을 주는 한 가지 방법은 수상 돌기의 특성 조절을 통해서일 것이다(그림 3.17). 수상 돌기는 많은 시냅스에서 나타나며, 분명히 이것은 자라나거나 줄어들거나 또는 다른 방식으로 성질이 변하기도 한다. 이런 변화는 그 속에 있는 액틴의 변화에 의해 유도될 수 있으며, 액틴은 근육 수축 메커니즘의 필수 요소이다. 근접해 있는 미세소관들은 액틴에 강한 영향을 줄 수 있으며, 액틴은

Roger Penrose •

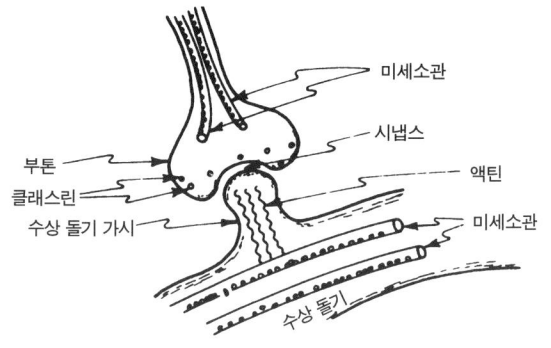

그림 3.17 클래스린(clathrin, 그리고 미세소관의 끝)은 축색 돌기의 시냅스 부톤(bouton)에 있으며, 시냅스의 세기에 영향을 주는 듯하다. 이것은 수상 돌기 가시에 있는 액틴 섬유를 통해 일어날 수 있다.

다시 시냅스 결합의 모양 또는 유전체(誘電體)적 특성에 영향을 줄 수 있다. 미세소관이 시냅스의 세기에 영향을 미칠 수 있는 방법에는 적어도 두 가지가 있다. 미세소관은 확실히 뉴런에서 다음 뉴런으로 신호를 전달하는 신경 전달 물질의 운반에 참여한다. 축색 (axon)과 수상 돌기(dentrite)를 통해 신경 전달 물질을 운반하는 것은 미세소관이고, 따라서 미세소관의 작용은 축색과 수상 돌기 끝부분의 신경 전달 물질 농도에 영향을 미친다. 이것은 다시 시냅스의 세기에 영향을 미친다. 미세소관의 또 다른 영향은 뉴런을 자라게 하거나 위축시켜서 뉴런 연결망 자체를 변화시키는 것이다.

미세소관이란 무엇인가? '그림 3.18'에 미세소관의 모양이 나와 있다. 미세소관은 **튜불린(tubulin)**이라는 단백질로 이루어진 작은 관이다. 미세소관은 여러 면에서 흥미롭다. 튜불린 단백질은 (적어

3장 ▪ 물리학과 정신 • **167**

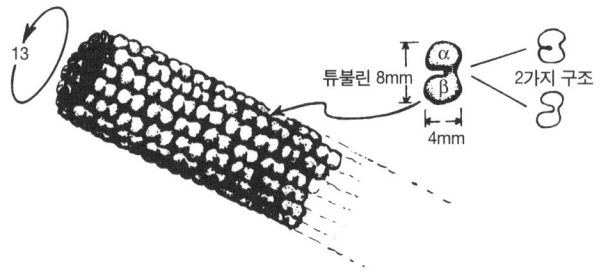

그림 3.18 미세소관은 보통 기둥 모양의 튜불린 이합체(tubulin dimer) 13개로 이루어진 속이 빈 관이다. 각각의 튜불린 분자는 (적어도) 두 가지 구조를 갖는 것으로 알려져 있다.

도) 두 가지 다른 상태나 구조를 가지며, 한 구조에서 다른 구조로 바뀔 수 있다. 메시지는 이 관을 따라 전달될 수 있다. 스튜어트 헤머로프(Stuart Hameroff)와 그의 동료들은 신호가 관을 통해 전달되는 방법에 대해 재미있는 아이디어를 내놓았다. 해머로프는 미세소관이 **셀형 오토마톤**(cellular-automaton)처럼 작용하며 복잡한 신호를 미세소관을 통해 보낼 수 있다고 생각한다. 각기 다른 튜불린의 두 구조가 디지털 컴퓨터의 '0'과 '1'을 나타낸다고 생각하자. 그렇다면 단일 미세소관 자체가 컴퓨터처럼 작용할 수 있고, 뉴런이 어떤 일을 하는지 생각하려면 이 점을 고려해야 한다. 뉴런 하나는 스위치 하나처럼 작용하지 않으며, 뉴런에는 아주 많은 미세소관들이 있어서 각 미세소관은 매우 복잡한 일을 할 수 있다.

여기서부터는 나의 아이디어가 들어간다. 이러한 과정들을 이해하는 데 양자역학이 중요한 역할을 할지도 모른다. 미세소관이 나를 가장 흥분시키는 것은 그것이 **관**이라는 사실이다. 관으로서 미세소관은 내부에서 진행되는 일을 외부 환경의 무작위적인 작용으로부터 차폐할 수 있다고 보는 것이 가능하다. 2장에서 나는 새로운 형태의 **OR** 물리학이 필요하다고 주장했는데, 이것이 여기에서 중요한 역할을 하려면, 외부 환경으로부터 잘 차폐된 양자 중첩성 질량 이동이 있어야 한다. 관 안에는 초전도체와 비슷한 일종의 대규모 양자 결맞음 작용이 있을 수 있다. 상당한 질량 이동은 이 작용이 (해머로프 형의) 튜뷸린 구조와 연결될 때만 일어날 것이며, 이제 여기에서 '셀형 오토마톤'은 양자 중첩에 의해 작동할 것이다. '그림 3.19'가 이것을 보여 준다.

이 아이디어의 한 부분으로, 두뇌의 아주 넓은 영역에 뻗쳐 있는 관들의 내부에서 발생하는 결맞는 양자 진동이 있을 수 있다. 여러 해 전에 헤르베르트 프뢸리히(Herbert Frölich)가 일반적인 형태의 결맞는 양자 진동을 제안했는데, 이것은 생물 내에서도 이러한 작용이 적합할 가능성을 보여 준다. 미세소관은 대규모 양자 결맞음 작용이 일어날 수 있는 구조로 유력한 후보인 것 같다. 내가 '대규모(large scale)'라고 말하면, 당신은 2장에 나온 EPR 퍼즐과 양자 비국소성을 떠올릴 것인데, 이것은 멀리 떨어져서 일어나는 일을 서로 분리된 것으로 간주할 수 없다는 것을 보여 준다. 양자역학에서는 비국소적 효과가 일어나며, 물체들이 분리되어 있다는 관점으로는 이것을 이해할 수 없다. 어떤 종류의 대국적(global) 작용이 일어나는 것이다.

내가 보기에 의식이야말로 대국적인 그 무엇이다. 그러므로 의

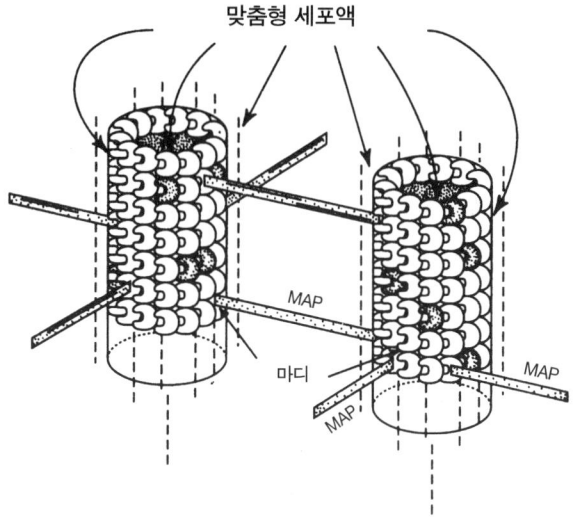

맞춤형 세포액

MAP

마디

MAP

MAP

그림 3.19 뉴런 (집합체) 내의 미세소관들이 대규모 양자 결맞음 작용을 유지하고, **OR**의 발생 하나하나가 의식에서 일어나는 사건을 이룬다. 이 작용에 대한 효과적인 차폐가 필요한데, 미세소관 주위에 있는 맞춤형 세포액(ordered water)이 이런 일을 할 수도 있을 것이다. 미세소관에 연결된 단백질(MAP)의 상호 연결 체계가 미세소관의 '마디(node)'에 붙어서 이러한 작용을 '조율할(tune)' 것이다.

식을 담당하는 물리적 과정은 근본적으로 대국적 특성을 가진 것이어야 한다. 양자 결맞음은 확실히 이런 요구에 잘 맞다. 이러한 대규모 양자 결맞음이 가능하려면 높은 수준의 차폐가 필요한데, 미세소관 벽이 이것을 제공할 것이다. 그러나 튜불린 구조까지 가세하면 더 많은 것이 필요하다. 여기에 필요한 더 높은 정도의 차폐는 미세소관 바로 밖에 있는 '맞춤형 세포액(ordered water, 살아있는 세포 속에 존재하는 미지의 액상 물질)'에 의해 제공될 수 있을

Roger Penrose •

것이다. 맞춤형 세포액은 관 내부에서 일어나는 양자 결맞음 진동
의 중요한 성분으로도 작용할 것이다. 이것은 어려운 주문이지만,
전혀 불합리하지는 않을 것이다.

관 내부의 양자 진동은 미세소관의 작용, 즉 해머로프가 말한 셀
형 오토마톤의 작용과 연결되어야 하지만, 이번에는 그의 아이디
어가 양자역학과도 결합되어야 한다. 따라서 우리에게는 이제 보
통의 계산적인 작용뿐만 아니라 다른 작용에 대한 중첩을 고려하
는 양자 계산도 있어야 한다. 이것이 이야기의 전부라면, 우리는
아직 양자 수준에 있는 것이다. 양자 상태는 어떤 지점에서 환경
과 얽힐 것이다. 그러면 우리는 양자역학의 일반적인 R 과정의 무
작위적인 방식을 따라 고전 수준으로 올라온다. 진정한 비계산성
이 나오기를 원한다면 이것은 좋지 않다. 이렇게 되려면 OR가 모
습을 드러내야 하며, 여기에는 고도의 차폐가 필요하다. 따라서 뇌
에서 새로운 OR 물리학이 중요한 역할을 할 수 있도록 충분히 차
폐를 할 수 있는 그 무엇이 뇌 속에 필요하다고 나는 주장한다. 우
리에게 필요한 것은 미세소관 속의 중첩 계산이고, 이것이 되기 위
해서는 새로운 물리학이 실제로 역할을 할 수 있도록 충분한 차폐
가 있어야 한다.

따라서 나의 아이디어는, 이러한 양자 계산들이 진행되면서 앞
에서 말한 기준이 표준 양자 과정을 수용할 만큼 충분히 긴 시간 동
안(거의 1초 정도의 길이) 그것들이 나머지 물질로부터 스스로 차폐
를 유지하면 비계산적인 성분이 나오고, 표준 양자론과는 근본적
으로 다른 어떤 것도 얻게 된다는 것이다.

물론 이 아이디어에는 여러 가지 추측이 들어가 있다. 그러나 이 추측들은 의식과 생물물리학적 과정 사이의 관계에 대해, 어떤 접근법보다 더 명확하고 정량적인 상의 전망을 보여 준다. 그러면 적어도 우리는 OR 작용이 뇌 활동에 중요한 의미를 가지려면 얼마나 많은 뉴런이 개입되어야 하는지에 대한 계산을 시작할 수 있다. 우리에게 필요한 것은 T의 추정값으로, 이것은 2장의 끝부분에서 말한 시간 규모이다. 다시 말해 의식 활동이 OR의 발생과 관련이 있다고 가정하면, 우리는 T를 어떻게 추정할 수 있을까? 의식에는 얼마나 긴 시간이 필요할까? 두 가지 형태의 실험이 있는데, 둘 다 벤저민 리벳(Benjamin Libet)과 이 아이디어에 관련된 그의 동료들이 제안한 것이다. 한 실험은 자유 의지 또는 적극적 의식을 다루고, 다른 실험은 감각 또는 소극적 의식을 다룬다.

우선 자유 의지에 대하여 고려해 보자. 리벳과 코른후버의 실험(Libet's and Kornhuber's experiment)에서 피실험자는 완전히 자신의 의지에 따라 결정된 시간에 단추를 누르도록 되어 있다. 두뇌의 전기적 활동을 감지하기 위해 피실험자의 머리에 전극을 설치한다. 그리고 실험을 여러 번 반복해서 평균 결과를 얻는다(그림 3.20(a)). 놀랍게도, 피실험자가 결정을 했다고 생각하기 약 1초 전에 전기적 활동이 뚜렷이 나타난다. 따라서 자유 의지는 약간의 시간 지연을 수반하는 것으로 보이고, 지연 시간은 대략 1초 정도이다.

더 놀라운 것은 수동적인 실험으로, 이것은 받아들이기가 더 어렵다. 이 실험은 사람이 어떤 것을 수동적으로 느끼는 데 두뇌에서 약 0.5초의 시간이 걸린다는 것을 보여 준다(그림 3.20(b)). 이 실험

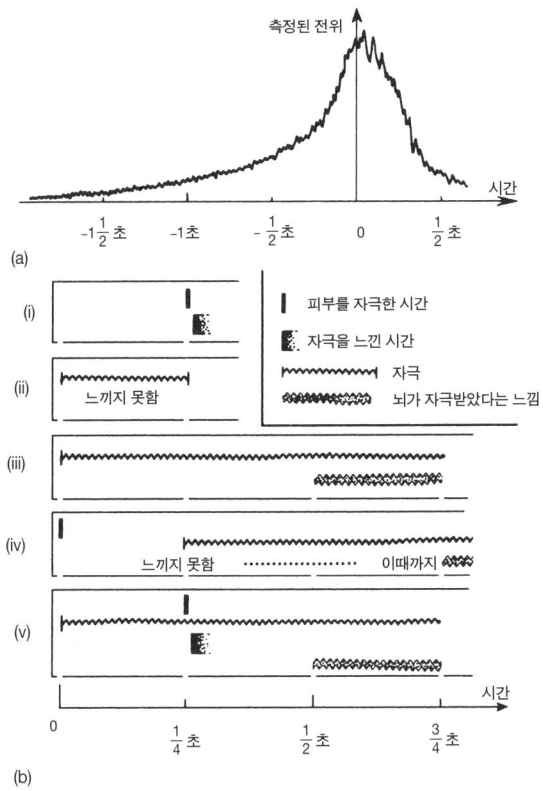

(a)

(b)

그림 3.20 (a) 한스 코른후버(Hans H. Kornhuber)의 실험. 나중에 벳과 동료들이 개선했다. 손가락을 굽혀야겠다는 판단은 시간이 0일 때 나타나지만, 이전부터 신호(여러 번 해서 평균한 값)가 있어서 손가락을 굽히겠다는 의도에 '사전 지식'이 있음을 보여 준다.

(b) 리벳의 실험. (i) 자극과 거의 동시에 느끼는 것으로 '보인다'. (ii) 0.5초 이하의 대뇌 자극은 느끼지 못한다. (iii) 0.5초 이상의 대뇌 자극은 0.5초 후에 느낀다. (iv) 이러한 대뇌 자극은 이전의 피부 자극을 '뒤로 돌아가서 방해한다'. 이것은 피부 자극이 대뇌 자극이 일어날 때까지도 인지되지 않음을 뜻한다. (v) 대뇌 자극을 하고 조금 뒤에 피부를 자극하면, 거슬러 올라가서 피부 자극을 느끼지만 대뇌 자극은 그렇지 않다.

에서 피부 자극에 대한 의식적 경험을 막는 방법이 있는데, 자극이 일어난 지 0.5초 **뒤**까지 이것이 가능하다! 이러한 방해가 없을 때 피실험자는 피부 자극을 거의 동시에 느낀다. 그러나 실제 자극이 발생한 후 0.5초까지는 자극을 의식하는 것을 막을 수 있다. 두 실험을 함께 생각하면 아주 설명하기 어렵다. 실험에서 의식적인 의지에는 약 1초가 필요하고, 의식적으로 느끼는 것에는 약 0.5초가 필요하다. 의식이 '무엇인가를 하는 어떤 것'이라고 한다면, 이것은 거의 역설에 **빠**진다. 어떤 사건을 인식하는 데 0.5초가 걸린다. 그 다음에 이것을 토대로 뭔가를 하려 하면, 여기에 또 1초가 걸린다. 따라서 전체적으로 1.5초가 필요하다. 그러므로 우리가 의식적인 반응을 하려면, 실제로 그것을 하는 데 1.5초가 걸린다. 나는 이것을 믿기가 어렵다. 예들 들어 일상적인 대화를 생각해 보자. 많은 대화를 습관적이고 무의식적으로 할 수 있지만, **의식적인** 반응을 하는 데 1.5초가 걸린다는 것은 매우 이상하게 느껴진다.

내 생각에는 이 실험들을 해석하는 우리의 방식에 기본적으로 고전 물리학의 가정이 깔려 있다. 반사실을 다룬 폭탄 검사 문제를 돌이켜 생각해 보면, 반사실적 사건은 실제로 일어나지 않았음에도 불구하고 사물에 실제로 영향을 줄 수 있다. 우리가 사용하는 일반적인 논리는 주의하지 않으면 잘못될 수 있다. 우리는 양자계를 염두에 두어야 하고, 따라서 양자 비국소성과 양자 반사실 때문에 이런 이상한 타이밍도 나타날 수 있을 것이다. 특수 상대성 이론의 틀에서 양자 비국소성을 이해하는 것은 매우 어렵다. 나의 견해로는, 양자 비국소성을 이해하기 위해서는 근본적으로 새로운 이론이 필요하다. 이 새로운 이론은 단순히 양자역학을 약간 수정한 것이 아니라, 일반 상대성 이론이 뉴턴 중력 이론과 다른 것처럼 보통의 양자역학과 다를 것이다. 이것은 완전히 다른 개념적 틀을 가져야 한다. 이 이론은 양자 비국소성을 그 속에 가질 것이다.

2장에서, 비국소성은 수수께끼 같기는 하지만 여전히 수학적으로 기술될 수 있음을 보였다. '그림 3.21'의 불가능한 삼각형을 보자. 당신은 이렇게 물을 수 있다. '어디에 불가능성이 있는가? 불가능성의 위치를 잡을 수 있는가?' 그림의 일부를 가려 보면, 어떤 부분을 가려도 이 삼각형은 갑자기 가능한 것이 된다. 따라서 이 불가능성이 그림의 한 부분 때문이라고 말할 수 없다. 불가능성은 구조 전체의 특징이다. 그럼에도 불구하고, 이런 것들에 대해 말할 수 있는 정확한 수학적 방법들은 있다. 삼각형을 부분으로 쪼개고 다시 붙이면서 붙이기의 전체 패턴에서 어떤 추상적인 수학적 아이디어를 끌어내는 것이다. 이 경우에는 코호몰로지(cohomology) 개념이 적절하다. 이 개념은 이 그림에서 불가능성의 정도를 계산하는 수단을 제공한다. 이것은 우리의 새로운 이론에 들어갈 만한 비국소적인 수학이다.

'그림 3.21'이 '그림 3.3'과 비슷해 보이는 것은 우연이 아니다! '그림 3.3'은 역설의 요소를 강조하기 위해 일부러 그렇게 그린 것이다. 이 세 가지 세계들이 서로 관계를 맺는 방식에는 분명히 불가사의한 어떤 것이 있다. 여기에서 세 가지 세계는 각각 앞선 세계의 일부에서 '창발'하는 것으로 보인다. 그러나 '그림 3.21'처럼 더 깊은 이해력으로 이러한 미스터리를 받아들일 수 있고, 심지어 그 일

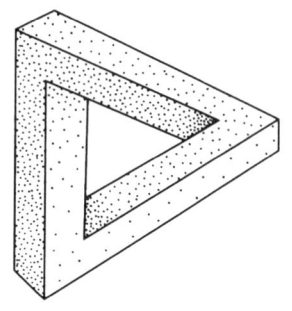

어디에 불가능성이 있는가?

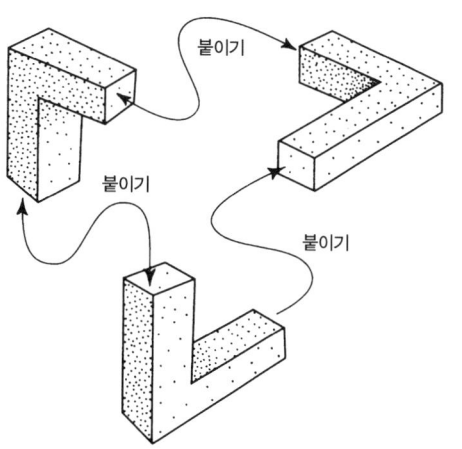

그림 3.21 불가능한 삼각형. 이 '불가능성'은 어느 한 곳의 탓으로 돌릴
수 없다. 그러나 이것의 구조 속에 있는 '붙이는 규칙'의 추상화를 통해,
불가능성을 정확한 수학적 용어로 말할 수 있다.

부를 해결할 수도 있다. 따라서 수수께끼와 미스터리가 발생했을
때 그것을 인식하는 것이 중요하다. 수수께끼 같은 일이 벌어진다
는 것만으로 우리가 그것을 결코 이해할 수 없다는 뜻은 아니다.

176

4장

심성, 양자역학, 그리고 잠재성의 현실화에 관하여

애브너 시모니(Abner Shimony)

들어가면서

나는 로저 펜로즈의 탐구 정신을 매우 존경한다. 그는 문제의 핵심에 도달하기 위한 전문 지식과 과감한 결단력을 함께 갖추고 있다. 펜로즈는 힐베르트가 남긴 "우리는 알아야 하며, 그럼으로써 알게 된다(Wir müsen wissen, wir werden wissen)"[1]라는 유명한 말을 추종한다. 그의 연구 프로그램에서 세 가지 기본 이론에 관한 그의 생각에 나도 동의한다. 세 이론 중 첫째는 심성(mentality)을 과학적 방법으로 다룰 수 있다는 것이며, 둘째는 양자역학이 정신–육체 문제와 관련이 있다는 것이다. 셋째는 잠재성의 현실화에 대한 양자역학의 문제가 양자 형식론(quantum formalism)을 뜯어고치지 않고서는 해결할 수 없는 진정한 물리학적 문제라는 것이다. 그러나 이 세 가지 주제에 대해 펜로즈가 제의한 세부적인 내용들에 대해서는 의심이 가는 점들이 많다. 나의 비평이 펜로즈의 이론 개선에 도움이 되길 바란다.

4.1 자연에서 심성의 위상

인간의 수학적 능력이 알고리듬적이 아님을 입증하는 데 1장에서 3장까지의 약 4분의 1과 펜로즈의 책인 『마음의 그림자』(이하 SM)의 절반 가량이 할애되었다. 힐러리 퍼트남(Hilary Putnam)[2]은 SM에 대한 비평에서 펜로즈의 논의에 몇 가지 빈틈이 있다고 주장했다. 펜로즈는 인간의 수학적 능력을 모사할 수 있는 튜링 기계 프로그램이 존재하지만 그것이 건전하지 않을 가능성과, 너무나 복잡하여 실제로 인간의 정신이 이해하지 못할 가능성을 무시했다는 것이다. 퍼트남에 대한 펜로즈의 대답[3]을 나는 납득할 수 없지만, 확신을 갖고 판결을 내리기에는 증명 이론에 관한 나의 지식이 충분하지 않다. 그러나 이 문제는 펜로즈의 주요 관심사와 거의 관계가 없는 듯하며, 내가 보기에 펜로즈는 엉뚱한 산을 오르려는 등산가인 것 같다. 그의 중심 주제인, 심적 작용에는 인공적인 컴퓨터가 할 수 없는 그 무엇이 있다는 생각은, 인간이 수학을 하는 방식이 비알고리듬적이라고 증명하는 것과 무관하다. 실제로 펜로즈는 긴 괴델 논의에 덧붙여서 자동 장치인 오토마톤(automaton)에 의한 바른 계산은 이해와 무관하다고 주장하는 존 설(John Searle)의 '중국의 방' 논의를 제시하고 있다(SM, 40~41쪽). 이 논의의 핵심은, 중국어를 모르는 사람도 중국어로 하는 지시를 듣고 그 지시를 그대로 따르는 것처럼 행동하는 자동 장치의 역할을 하도록 훈

련될 수 있다는 것이다. 이 지시에 따라 바르게 계산을 하는 사람은 이해하면서 계산하는 정상적인 경험과 자동 장치처럼 계산하는 비정상적인 경험을 직접 비교할 수 있다. 이렇게 계산에 의해 증명된 수학적 진리는 전혀 중요성이 없는 것들일 수 있지만, 그럼에도 불구하고 기계적인 계산과 이해 사이의 차이는 직관적으로 명백하다.

존 설이 수학적 이해에 대해 옹호한 (펜로즈도 지지한) 것은 의식적 경험의 다른 측면, 즉 감각질(sensory qualia), 통증이나 쾌감, 자발성의 느낌, 지향성(intentionality, 대상이나 개념 또는 진술에 대해 경험된 것(reference)) 등에도 적용된다. 물리주의의 일반적인 철학에서는 이러한 현상들을 설명하는 다양한 전략이 있다.[4] 양면 이론 (two - aspect theory)에서는 이러한 경험들을 두뇌 상태의 특별한 양상으로 본다. 다른 이론들은 정신적 경험을 두뇌 상태의 한 종류와 동일시하는데, 이 종류는 너무나 미묘해서 명시적인 물리적 구별을 할 수 없고, 따라서 정신적 개념이 물리적 개념으로 명시적으로 '환원'되지 못한다. 기능주의 이론은 원칙적으로 심적 경험을 여러 가지 다른 물리 계에서 구현될 수 있는 형식적인 프로그램들과 동일시하며, 우연히 뉴런의 그물에 의해 이것이 구현되었을 뿐이라고 본다. 물리주의에서 반복적으로 주장하고 또한 양면 이론뿐만 아니라 다양한 물리주의에서도 사용되는 논의는, 한 무리의 성질들로 지정되는 대상은 완전히 다른 성질들의 무리로 지정된 대상과 동일할 수 있다는 것이다. 대상의 지정에는 서로 다른 감각 양태가 이용될 수 있고, 감각과 미시 물리학적 양태가 함께 이용될 수도 있다. 그렇다면 정신적 상태와 두뇌 상태(또는 두뇌 상태의 한 종류 또는 프로그램)의 동일성도 앞에서 말한 것의 한 예라고 추론할 수 있다. 그러나 내 생각에 이러한 추론에는 심각한 오류가 있다. 한 가지 감각 양태에 의해 지정된 대상이 다른 양태로 지정된 대상과 동일한 경우, 여기에는 두 가지 암묵적인 인과의 사슬이 있다. 그래서 두 사슬의 양쪽 끝이 똑같이 한쪽 끝은 동일한 대상에, 반대쪽 끝은 인지자의 의식의 무대에 이어져 있지만, 두 끝점 사이에서 환경과 인지자의 감각 및 인지 기관을 잇는 인과의 사슬은 다르다. 두뇌 상태와 의식 상태가 동일한 경우에, 물리주의의 양면 이론 버전에 따르면 공통의 대상을 끝점으로 인식하는 데 아무런 어려움이 없다. 사실 이것은 두뇌 상태인데, 물리주의는 물리적 서술에 존재론적 우위를 부여하기 때문이다. 그러나 반대쪽 끝점인 인지자의 의식의 무대는 존재하지 않는다. 또는 어쩌면 양면 이론은 애매한 말에 불과하다고 해야 할지도 모른다. 그 이유는 공통의 무대가 물리적 측면과 정신적 측면의 비교 및 결합의 장소로 암묵적으로 가정되는 반면, 물리주의가 옳다면 이 무대는 독립적인 지위가 없기 때문이다.

물리주의에 대한 한 가지 반론은 내가 '현상론적 원리'라고 부르는(그러나 더 좋은 이름이 문헌에 있거나 제안된다면 기꺼이 받아들이겠다) 철학적인 원리에 따른다. 이것은 정합적인 철학이 어떤 종류의 존재론을 승인하든 간에, 그 존재론은 외관을 설명하는 데 충분해야 한다는 것이다. 이 원리는 물리주의가 정합적이지 않다는 결과를 가져온다. 물리주의는 존재론적 계층 구조를 기본 입자나 장(field)을 근본 수준으로, 이것들의 합성물을 그 다음 수준으로 구성할 것이고, 실제로 대개 그렇게 한다. 이 합성물들은 다른 방식으로 구별할 수도 있다. 즉 미세한 구별에서는 세밀한 미시 상태가 나오고, 대강의 구별에서는 미세한 구별의 총합 또는 평균이 나온다. 관계적 구별은 관심 대상인 합성물과 장치 또는 인지자 사이의 인과적 연결에 달려 있다. 자연을 이런 개념으로 볼 때 감각에 나타난 외관은 무엇과 어울리는가? 이것은 미세한 구별과 어울리지 않는다. 정신적인 성질들이 기초 물리학에 몰래 스며든다면 사정이 다르겠지만, 이것은 물리주의 프로그램에 반대된다. 이것은 양면 이론과 비슷한 것을 가지지 않고는 대강의 구별과도 어울리지 않는데, 양면 이론의 약점은 앞에서 이미 지적했다. 이것은 관계적 구별과도 어울리지 않는데, 여기에 어울리려면 대상이 인지하는 주관과 인과적으로 연결되어 있어야 한다. 요약하면 감각적 외관은 물리주의적 존재론의 어느 곳에도 어울리지 않는다.

물리주의에 대한 이 두 가지 반론은 우둔하지만 강건하다. 여기에 어떻게 저항하고 마음을 어떻게 존재론적 파생물로 볼 수 있는지 알려면, 방대하고 엄청난 여러 가지 고찰이 있어야 한다. 이 고찰의 첫 번째는, 고도로 발달한 신경계와 떨어져서 존재하는 심성에 대한 증거가 전혀 없다는 것이다. 펜로즈가 말했듯이 "만약 '정신'이 물리적 육체 바깥에 있는 그 무엇이라면, 그렇게도 많은 정신적 특성들이 물리적 두뇌의 특성들과 밀접하게 연결될 수 있는 이유를 찾기 힘들다"(SM, 350쪽). 두 번째는 신경의 구조가 단순하고 원시적인 유기체에서 진화한 것이라는 방대한 증거가 있으며, 실제로 생물이 무생물에서 진화했다면, 이 계보를 계속 거슬러 올라 가서 무기 분자와 원자에까지 닿을 수 있다는 것이다. 세 번째는 기초 물리학은 이러한 무기적 구성물에 정신적인 특성을 부여하지 않는다는 것이다.

화이트헤드(A.N. Whitehead)의 '유기체 철학'[5](이 이론에 앞서 서 라이프니츠의 단자론(monadology)이 있었다)은 위의 세 가지 고찰을 모두 고려한 심성적인 존재론을 가지고 있지만, 여기에는 미묘한 유보 조건이 있다. 이것의 궁극적인 실체는 '실제적 계기(actual occasion)'인데, 이것은 영속적인 존재가 아니라 시간과 공간에 한정된 양(量)으로 각각이 (대개 매우 저차원적으로) '경험', '주관적인 즉각성', '통각(appetition)'과 같은 정신적 특성을 가진다. 이 개념들은 바로 우리가 갖고 있는 고차원적인 정신에서 끄집어 낸 것이지만, 그 의미는 우리에게 낯익은 것으로부터 심하게 외삽되었다. 화이트헤드는 물리적인 기본 입자를 계기들의 일시적인 사슬로 이해하는데, 입자는 단조롭고 반복적으로 경험되기 때문에 이것은 일상적인 물리학의 개념들을 거의 잃지 않고도 수용할 수 있다. 그럼에도 불구하고 잃는 것이 조금은 있다. "그렇다면 물리학의 기초인 물리적 에너지 개념은 복합적 에너지의 한 가지 추상화로 이해해야 하고, 이 복합적 에너지는 감성적이고 의도적이며, 각각의 계기들이 스스로를 완성하는 최종 통합에 주관적인 형태로 본래 들어 있는 것이다."[6] 오로지 고도로 조직화된 계기들의 집합으로 진화하는 것만이, 원시적인 심성에서 강력하고 정합적인 완전한 의식이 나오도록 허용한다. "무기물의 기능들은 생물체의 기능들 속에 고스란히 보존된다. 그리하여 명백히 살아 있는 몸 속에서 궁극적 계기의 본래 기능을 고양시키는 조정이 이루어진 것으로 보인다."[7]

SM의 색인에는 화이트헤드의 이름이 없고, 다만 『황제의 새 마음』[8]에서 화이트헤드와 러셀의 『수학 원리(Principia Mathematica)』에 대한 언급만 있다. 펜로즈가 그를 무시한 이유는 알 수 없지만, 나는 그가 동의할 만한 나 자신의 반대 의견을 제시할 수 있다. 화이트헤드는 마음이 배제된 물리적 세계와 고차원적 의식으로서의 마음으로 나뉘는 '본생의 갈라짐(bifurcatin of nature)'을 치유하기 위해 심성적인 존재론을 제시하고 있다. 그가 모든 계기 속에 들어 있다고 본 저차원적인 원시심성(protomentality)은 이 엄청난 간극을 메우려는 것이다. 그러나 기본 입자의 원시심성과 인간의 고차원적 경험 사이에는 그러한 갈라짐이 없는가? 또한 저차원적인 원시심성에 대한 직접적인 증거가 있는가? 의식을 가진 유기체가 사는 현재의 우주와 초기 우주 사이의 연속성을 보장하는 것을 제외한 다른 목적으로 이런 존재론을 세우는 사람이 있는가? 이것 외의 다른 이유가 없다면, '원시심성'이라는 단어 속의 '심성'이라는 말은 잘못 쓰인 것이 아닌가? 그리고 유기체 철학 전체는 문제를 해답이라고 이름만 바꾸는 의미론적 속임수가 아닌가? 게다가, 실재적 계기 개념을 우주의 궁극적이고 구체적인 존재로 보는 것은 일종의 원자론이 아닌가? 데모크리토스(Democritus)와 피에르 가생디(Pierre Gassendi)의 원자론보다 확실히 풍부하긴 하겠지만, 결국 우리의 고차원적 경험이 보여 주는 정신의 전일적 특성에 어긋나지 않는가?

다음 절에서 나는 이 반론에 대해, 현대화된 화이트헤드주의를 통해 양자역학에서 이끌어 낸 몇 가지 개념으로 대답할 수 있다는 것을 보여주겠다.[9]

4.2 정신 - 육체 문제에서 양자론의 중요성

양자론에서 가장 근본적인 개념은, 계의 완전한 상태(말하자면 계를 최대한으로 설명하는 것)는 계의 실재적 성질을 전부 열거하는 것으로 끝나는 것이 아니라 잠재성까지 포함해야 한다는 것이다. 잠재성(potentiality)이라는 개념은 중첩의 원리에 숨어 있다. 어떤 양자계의 성질 A와 상태 벡터 ϕ(편의상 규격화되어 단위 크기를 갖는다고 하자)가 주어지면, ϕ는 $\sum_i c_i u_i$와 같은 형태로 표현할 수 있다. 여기에서 u_i는 A가 일정한 값 a_i를 가질 때의 상태 벡터(단위 크기)이고, 각각의 c_i는 복소수로서 $|c_i|^2$의 총합은 1이 된다. 이때 ϕ는 u_i에 적절한 가중치를 곱해서 중첩시킨 것이며, 그 총합이 한 가지 항만을 가지지 않는 한, ϕ에 의해 표현되는 상태의 A 값은 결정되지 않는다. 양자 상태가 계에 대한 지식의 요약이 아니라 계 자체의 표현이라고 실재론적으로 해석한다면, 그리고 양자 기술이 그 자체로 완전해서 '숨은 변수'로 보완할 필요가 없다면, 이 불확실성은 객관적이다. 게다가 계가 환경과의 상호 작용(예를 들어, 측정)으로 A가 확정된다면, 결과는 객관적인 우연(chance)의 문제이며, 여러 가지 가능한 결과의 확률인 $|c_i|^2$은 객관적인 확률이다. 객관적 불확실성, 객관적 우연, 객관적 확률의 이러한 특징은 양자

상태를 잠재성의 그물로 지정함으로써 요약된다.

양자론에서 두 번째로 근본적인 개념은 얽힘(entanglement)이다. 계 I의 상태가 단위 규격의 상태 벡터 u_i로 표현되어 이 계의 어떤 성질 A가 확정된 값을 가지고, 계 II의 상태는 v_i로 표현되어 성질 B가 확정된 값을 가진다면, 합성된 계 I+II의 상태 벡터 $X = \sum_i c_i u_i v_i$($|c_i|^2$의 합은 1이다)는 이상한 특성을 가진다. 계 I과 II의 어떤 것도 따로 분리된 채로는 순수한 양자 상태가 아니다. 특히 I은 u_i의 중첩이 아니고 II는 v_i의 중첩이 아닌데, 왜냐하면 그러한 중첩은 u_i와 v_i가 서로 관련되는 방식을 생략하기 때문이다. 그래서 X는 일종의 전일적인 상태이고 '얽혀 있다'고 말한다. 따라서 양자론은 고전 물리학에는 없는 합성 모드를 갖는다. 예를 들어 어떤 일이 일어나서 A가 현실화되어 a_i라는 값으로 확정되면, B 또한 자동적으로 현실화되면서 b_i라는 값으로 확정된다. 따라서 얽힘이란 I과 II의 잠재성이 줄지어 현실화되는 것을 의미한다.

4.1절의 마지막 부분에서 알쏭달쏭하게 언급한 현대화된 화이트헤드주의는 본질적인 방식으로 잠재성과 얽힘의 개념을 통합하고 있다. 잠재성은 희미한 원시심성과 고차원적인 의식 사이의 난감한 갈라짐을 막는 수단이다. 심지어 매우 발달된 두뇌를 가진 복잡한 유기체도 의식이 없을 수 있다. 의식과 무의식 사이의 전이는 존재론적인 지위의 변화가 아니라 상태의 변화로 해석되며, 특성들은 확실성에서 불확실성으로 또 그 반대로 바뀔 수 있다. 전자(electron)처럼 단순한 계의 경우에는 기껏해야 전적인 불확실성에서 희미한 깜빡임으로 바뀌는 정도일 것이다. 그러나 바로 이 지점

에서 두 번째 개념인 얽힘이 활동한다. 서로 얽혀 있는 뭇입자계 (many-body system)에서는 단일 입자에서보다 관측 가능한 특성들의 공간이 훨씬 더 풍부하며, 집합적 관측량들의 스펙트럼은 대개 개별적인 입자들의 스펙트럼보다 훨씬 더 넓다. 매우 좁은 정신적 범위를 가지는 기본적인 계들이 얽히면, 무의식에서 고차원적인 의식까지 모든 범위가 다 일어날 수 있다. 이 현대화된 화이트헤드주의와, 심신 문제에 대한 펜로즈의 양자 개념 적용은 어떻게 비교되는가? SM의 7장, 이 책의 2장과 3장에서 펜로즈는 본질적으로 잠재성과 얽힘이라는 두 가지 큰 개념을 이용하고 있다. '양자 계산'은 신경계에 의해 수행되는데, 중첩의 각 갈래는 다른 갈래가 하는 것과 무관한 계산을 수행한다는 그의 추측에서, 잠재성이 등장한다(SM, 355~6쪽). 이러한 계산의 수행을 설명하는 여러 단계에서 얽힘(펜로즈는 주로 '결맞음(coherence)'이라고 말한다)이 등장한다. 세포벽의 미세소관이 뉴런의 기능을 조직하는 역할을 하는 것으로 가정되고, 이러한 목적을 위해 미세소관의 얽힌 상태가 가정된다(SM, 364~5쪽). 그 다음에는 단일 뉴런의 미세소관이 얽힌 상태에 있다고 가정되며, 최종적으로 많은 수의 뉴런이 얽힌 상태에 있다고 추정된다. 대규모 얽힘이 필요한 이유는 "이 서술에서 단일 정신의 통일성이 나타나기 위해서는 전체 두뇌의 상당한 부분에 어떤 형태의 양자 결맞음이 퍼져 있어야 하기 때문이다"(SM, 372쪽). 펜로즈는 자신의 제안이 초전도와 초유체, 특히 고온 초전도 현상과 잘 어울리고, 대규모 얽힘이 생물의 체온에서도 가능하다는 프뢸리히의 계산과도 잘 어울린다고 말한다(SM, 367~8쪽). 정신에 대한 펜로즈의 논의에서 어떤 양자 개념은 현재의 양자론에서 나온 것이 아니라 그가 상상한 미래의 양자론에서 얻은 것인데, 여기에 대해서는 4.3절에서 또 논의하게 될 것이다. 중첩에 대한 객관적 오그라듦(약자로 **OR**)이 그것인데, 객관적 오그라듦은 관측량 A의 실젯값을 최초의 가능한 값들의 넓은 범위에서 선택한다. 이러한 현실화(actualization)는 우리의 의식적 경험 속의 확실한 감각과 사고가 의심할 수 없는 현상이라고 말하는 정신 이론에 꼭 있어야 한다. 양자 계산 같은 것이 있다고 해도 이것은 여전히 필요한데, 그 이유는 중첩의 여러 갈래에서 병렬로 처리한 다음 맨 마지막에는 확정된 '결과'를 읽어내야 하기 때문이다(SM, 356쪽). 펜로즈는 결국 **OR**가 심적 작용의 비계산적인 특성을 제공할 것으로 추측한다.

현대화된 화이트헤드주의의 관점에서 볼 때, 정신에 관한 펜로즈의 이론에서 (의도했건 하지 않았건) 빠진 것은 우주에서 존재론적 근본을 이루는 그 무엇으로서의 심성 개념이다. 펜로즈의 설명은 물리주의의 양자 버전이 아닌가 의심스럽다. 4.1절에서 언급한 물리주의의 버전에서는, 심적 특성을 두뇌 상태의 구조적인 특성 또는 뉴런의 집합체가 계산을 수행하기 위한 프로그램으로 본다. 펜로즈는 심성을 물리적으로 설명하는 프로그램에 새로운 성분을 가져왔는데, 그것은 대규모 양자 결맞음과, 중첩의 오그라듦을 설명하기 위해 그가 추정한 양자역학의 변형이다. 그러나 이러한 세련됨도 4.1절에 나온 물리주의에 대한 우둔하면서도 강건한 반론을 약화시키지 못한다. 물리주의적 존재론에서 심성은 설 자리가 없으며, 양자 규칙에 의해 지배되는 물리주의도 여전히 물리주의적이다. 여기에 비해 화이트헤드의 유기체 철학은 근본적으로 비물리주의적이어서, 심적 특성을 우주의 가장 원초적 존재에 부여하기 때문에, 원초적 존재들에 대한 물리적 묘사가 매우 풍성해질 것으로 추측된다. 내가 임시적으로 제안한 현대화된 화이트헤드주의는 양자론을 심성의 근본적인 존재론적 위상의 대용물로 사용하지 않고, 아주 미약한 내적 심성에서 고차원적인 심성까지 세계에 나타나는 모든 심성을 설명하는 장치로 이용한다.

이 대비를 다르게 볼 수도 있다. 양자론은 하나의 틀이며, 여기에 상태, 관측량, 중첩, 천이 확률, 얽힘 같은 개념들을 가지고 있다. 물리학자들은 이 틀을 매우 다른 두 가지 존재론에 성공적으로 적용하고 있는데, 하나는 입자의 존재론으로 표준적인 비상대성이론적 양자역학의 전자, 원자, 분자, 결정으로 전개되고, 다른 하나는 장(field)의 존재론으로 양자전기동역학, 양자색역학, 일반 양자장론으로 전개된다. 양자론은 정신의 존재론, 이원론적 존재론, 원시심성을 가진 실체의 존재론처럼 완전히 다른 존재론에 적용될 수 있다고 생각된다. 양자론의 일반적인 물리주의적 적용은 미시 물리학적 개념으로 거시 개념을 설명하는 것을 비롯해, 복합계에 대한 설명에 놀라울 정도로 풍부한 능력을 갖는다. 내 생각에 펜로즈도 그 비슷한 일을 하기 위해 양자 개념을 섬세하게 채택하여 물리주의적 존재론에서 심적 현상을 설명하려 한 것으로 보인다. 반면에, 현대화된 화이트헤드주의는 양자론의 틀을 처음부터 심적인 존재론에 적용했다. 의심할 여지없이 현대화된 화이트헤드주의는 미숙하고 인상파적이며, 게다가 '유망한' 이론으로 인정받기 위해 필요한 분명한 이론적 예측과 실험적 검증도 결여되어 있다. 그러나 심성이 다른 것에서 나올 수 없음을 인식했다는 거대한 장점을 가지고 있는데, 이것은 모든 물리주의에 결여된 것이다. 내가 펜로즈를 잘못 이해했을 수도 있지만, 사실 그는 내가 알고 있는 이상으로 화이트헤드 철학의 은근한 동조자이다. 이것이 사실이든 아니든, 이 문제에 대한 펜로즈 자신의 명시적 언급이 그의 입장을 분명하게 해 줄 것이다.

현대화된 화이트헤드 철학이든 정신의 양자론이든, 그것이 과학적 성숙과 견고함을 얻으려면 심리적 현상에 많은 관심을 기울여야 한다. 거기에는 '양자의 맛'을 띤 몇 가지 현상이 있다. 예를 들면 주변에서 중심으로의 시각 전이, 의식에서 무의식으로의 전이, 온몸에 깃드는 정신, 지향성, 심적 사건에서 나타나는 일시적인 변칙성, 프로이트의 상징에서 나타나는 이중성과 모호함 등이 있다. 양자론과 정신의 관계에 대한 여러 가지 중요한 저작들이 양자역학의 맛을 띤 심적 현상들을 설명하고 있는데, 그중에서 주목할 만한 것은 마이클 로쿠드(Michael Lockwood)[10]와 헨리 스탭(Henry Stapp)[11]의 책이다. 펜로즈도 이러한 현상 몇 가지를 논의했는데, 예를 들어 의식의 수동적인 면과 능동적인 면의 타이밍에 관한 코른후버와 리벳의 실험을 언급했다(SM, 385~7쪽).

정신에 대한 양자론의 진지한 적용은 상태의 공간과 관측량 집합들의 수학적 구조도 고려해야 한다. 양자적 틀(framework) 수준에서는 이러한 것들이 제공되지 않는다. 표준 비상대성 이론적 양자역학과 양자장론의 경우, 이러한 구조들은 다양한 방식으로 결정된다. 즉 시공간 군(space – time group)의 표현을 고려하거나, 고전 역학과 고전적 장 이론에서 배워 오거나, 실험에 의해서도 결정된다. 1926년에 나온 파동역학에 대한 에르빈 슈뢰딩거(Erwin Schrödinger)의 위대한 논문은 놀랍도록 풍부한 유비(analogy)를 보여 준다. 즉 기하광학과 파동광학의 관계는 입자역학과 가설적인 파동역학의 관계와 같다는 것이다. 그렇다면 고전 물리학과 양자역학의 관계를 고전 심리학과 가설적 양자심리학의 관계로 새로운 유비를 고려하는 것이 가치가 있지 않을까? 물론 이 유비를 활용할 때의 한 가지 난점은 '고전 심리학'의 구조가 고전 역학의 구조에 비해 알려진 것이 훨씬 적을 뿐만 아니라 본질적으로도 그만큼 명확하지 않다는 것이다.

한 가지 제안이 더 있다. 양자 개념을 심리학에 적용하는 것은 가능하겠지만, 양자물리학의 기하학적 구조도 같이 적용할 수는 없을지 모른다는 것이다. 심적 상태의 공간이라는 것이 있다고 해도, 이 공간이 사영적 힐베르트 공간(Hilbert space)의 구조를 갖는다고 가정할 수 있을까? 특히 두 심적 상태의 스칼라 곱이 한 상태에서 다른 상태로의 전이 확률을 결정한다고 할 수 있을까? 양자적 구조의 한 종류이기는 하지만 더 약한 구조가 자연에 존재하는 것은 아닐까? 보그단 미엘니크(Bogdan Mielnik)[12]의 논문에 제시된 매우 흥미로운 제안에 따르면, 고전 통계역학에서는 '섞인' 상태를 서술하는 순수 상태의 조합이 한 가지밖에 없지만, 양자 개념을 조금만 보태면 이러한 조합이 여러 개가 될 수 있다. 여기에서 좀 더 추측을 밀고 나가면 색의 현상론을 미엘니크의 아이디어 중 한 가지 예로 볼 수 있다. 예를 들어, 우리가 희다고 지각하는 색을 여러 가지 세트의 빛의 조합으로 만들 수 있다.

4.3 잠재성의 현실화 문제

2장에서 펜로즈는 잠재성의 현실화 문제(또는 파동함수의 오그라듦과 측정 문제로도 불린다)를 X 미스터리로 분류했는데, 이 문제는 습관의 노예가 되지 않고 이론을 근본적으로 변화시키면 해결할 수 있다고 했다. 나도 여기에 전적으로 동의한다. 양자론이 물리 계를 객관적으로 기술한다면, 특정한 상태에서 객관적으로 확정되지 않은 관측량이 있지만, 이것은 측정이 수행되면 확정된다. 그러나 양자론의 선형동역학은 측정을 통한 현실화를 방해한다. 선형성은 측정 장치와 대상으로 이루어진 복합계의 최종 상태가 관측값이 서로 다른 순수 상태들의 중첩이기 때문에 생기는 결과이다. 나는 이 미스터리를 해소하려는 시도, 예를 들어 다세계 해석, 결흩어짐, 숨은 변수 등에 대한 펜로즈의 불신에 공감한다. 측정 과정의 어떤 단계에서 양자 상태의 일원 진행이 붕괴되고 현실화가 일어나게 된다. 그렇다면 그것은 어느 단계에서 일어나는가? 여기엔 많은 가능성이 있다.

이 단계는 물리적일 수 있으며, 거시적 계가 미시적 대상들과 얽히거나 시공간 매트릭(metric)이 물질계와 얽힐 때 발생할 것이다. 또는 이 단계는 관측자의 정신에서 일어나는 심적인 것일 수도 있다. 펜로즈는 현실화가 물리적 과정이라고 가정하며, 그것은 시공간 매트릭의 둘 또는 그 이상의 상태들의 중첩이 불안정해지기 때문이라고 본다. 즉 중첩 상태들 사이의 에너지 차이가 클수록 중첩의 수명이 더 짧아진다(SM, 339~46쪽). 그러나 의식 속의 실제 경험을 설명하기 위한 펜로즈의 결단은 이 추측과의 관계에 의해 상당한 제한이 부과된다. 앞에서도 지적했듯이 그는 정신의 전체성을 설명하기 위해 두뇌 상태의 중첩이 필요했지만, 붉은빛을 보는 것과 푸른빛을 보는 것의 중첩과 같은 괴이한 것은 일어나지 않거나 또는 너무나 짧게 일어나서 미처 의식에 들어서지도 못할 것이다. 펜로즈는 그렇게 구별되는 인지에 대응하는 두뇌 상태의 에너지 차이는 그 중첩이 짧은 수명을 가지기에 충분할 정도로 (임시적이고 대략적으로) 크다고 반박했다. 그러나 그는 여러 군데에서(SM, 342~3, 409, 410, 419쪽) 자신이 위태롭게 외줄타기를 하고 있다고 인정했는데, 그 이유는 정신의 전체성(globality)을 설명하기 위해 충분한 결맞음을 유지해야 하기도 하고, 확정된 의식적 사건을 설명하기 위해 결맞음의 파괴도 충분히 있어야 하기 때문이다. 펜로즈의 스케치에 따라 작동하는 정신/두뇌가 일상적인 일을 굳건히 해낸다는 것은 정말로 수수께끼 같은 일이다.

잠재성이 객관적으로 현실화되도록 양자동역학을 수정하는 방법은, 펜로즈에 의해서든 다른 연구자 집단에 의해서든 아직 완전히 탐색되지 못했다. 나는 여기에서 매력적인 두 가지 방법을 간략히 언급하겠다. 펜로즈는 지라르디-리미니-웨버(Ghirardi-Rimini-Weber, GRW)와 그 밖의 사람들이 제안한 자발적 오그라듦 모형을 언급하고 설득력 있게 비판했지만(SM, 344쪽), 그의 비판을 벗어날 수 있게 변형한 역학이 있을 수 있다. 두 번째 방법은 펜로즈가 언급하지 않은 것으로, 자연에 '초선택(superselection) 규칙'이 있어서 서로 다른 이성질체나 거시적 분자의 다른 구조들의 중첩을 막을 수 있다는 것이다. 이 추측의 동기는 거시적 분자가 세포 내에서 스위치처럼 작용해서 분자의 구조에 따라 과정들을 끄거나 켜는 데 있다. 성질이 다른 두 구조가 중첩되면, 우리는 슈뢰딩거의 고양이가 세포에서 구현되는 것(어떤 과정이 일어난 것과 일어나지 않은 것의 중간에 있는 상태)을 보게 된다. 자연이 이러한 중첩을 금지하는 초선택 법칙을 따른다고 말하면 난처함은 피할 수 있겠지만, 그 이유는 수수께끼에 빠질 것이다. 왜 자연은 단순한 분자의 중첩은 허용하면서 복잡한 분자의 중첩은 금지하는가? 그리고 그 경계는 어디인가? 그러나 이러한 초선택은 우리가 훌륭한 증거를 갖고 있는 잠재성의 현실화를 모두 설명할지도 모르며, 분자분광학으로 검증할 수 있는 값진 성질을 가지고 있을 수도 있다.[13]

마지막으로, 화이트헤드의 관점에서 보면 잠재성의 현실화가 인지자의 정신에서 성취된다는 가설은 흔히 생각하는 것처럼 터무니없지도 않고 인간 중심적이지도 않으며, 신비적이거나 비과학적이지 않다는 말을 덧붙이고 싶다. 화이트헤드에 따르면, 심성과 비슷한 그 무엇이 자연 전체에 가득하지만, 고차원적인 심성의 출현은 알맞은 계기들의 복합체가 진화하는지 여부에 달려 있다. 따라서 잠재성을 현실화하는 계의 역량은 양자역학의 선형동역학을 변경하며, 이것은 자연 전체에 퍼져 있지만, 고차원적인 심성을 가진 계에서만 무시 못할 정도가 된다. 그러나 나는 이 말을 다음과 같은 조건을 붙여서 인정하겠다. 중첩의 오그라듦을 정신에 부여하는 것은 그 함의를 광범한 심리 현상에 대해 세심하게 검토한 다음에야 진지하게 받아들일 수 있으며, 그런 다음에야 이 가설을 통제된 실험적 검증에 붙일 수 있다.

5장

왜 물리학인가?

낸시 카트라이트(Nancy Cartwright)

우리는 런던 경제학 스쿨(LSE)과 킹스 칼리지 런던(King's College London)의 연합 세미나 시리즈인 「철학: 과학 또는 신학 (Philosophy: Science or Theology)」에서 펜로즈의 책 『마음의 그림자』에 대하여 토론했다. 그 세미나의 참석자 중 한 사람이 내게 물었던 질문을 다시 묻는 것으로 시작하겠다. "정신과 의식의 문제에 대한 답을 생물학이 아닌 물리학에서 찾아야 한다고 생각하는 펜로즈의 근거는 무엇인가?" 내가 보기에 펜로즈가 제시한 근거에는 세 가지가 있다.

(1) 이런 방식으로 우리는 매우 유망한 프로그램을 구성할 수 있다. 이것은 잠재적으로 펜로즈의 프로젝트와 비슷한 것을 추진하는 사람들이 댈 수 있는 가장 강력한 근거이다. 나는 실

증주의자로서 형이상학과 선험적 논의에 대해 모두 반대하므로, 이런 종류의 논의가 우리가 중시해야 할 유일한 것이라고 주장할 것이다. 물론 이런 종류의 논의가 얼마나 강력하게 이 프로젝트를 지지하는가는 프로그램이 얼마나 유망한가, 그리고 얼마나 세밀한가에 달려 있다. 한 가지 명확한 것은 펜로즈의 제안(세포 골격의 미세소관에 거시적 양자 결맞음이 있다고 가정하고, 또 새로운 양자 – 고전 상호 작용이 있다고 한 다음에, 여기에서 의식의 특수한 비계산적 성질을 찾는 것)이 세밀한 프로그램이 아니라는 사실이다. 이것이 보여 주는 전망은 잘 검증된 연구 일정에서 나오는 자연스러운 다음 단계와는 확실히 거리가 멀다. 누군가가 이 프로그램이 유망하다고 본다면, 그것은 생각의 대담함과 풍부한 상상력 때문이고, 양자역학을 정리하기 위해서는 어쨌거나 뭔가 새로운 것이 나와야 한다는 확신과, 의식에 대한 과학적인 설명이 존재한다면 그것은 틀림없이 물리학에서 나올 것이라는 강력한 선언 때문일 것이다. 우리가 펜로즈의 프로그램이 유망한지에 대해 판단하게 된다면, 마땅히 마지막의 것이 핵심적인 역할을 할 것이라고 생각한다. 그러나 사정이 앞에서 말한 것과 같다면, 우리가 그 프로그램이 유망하다고 판단한다고 해도, 명백히 이 판단이 다른 과학이 아니라 물리학 그 일을 할 것이라는 근거는 될 수 없다.

(2) 물리학 그 자체가 궁극적인 설명을 제공할 것이라는 생각에 대한 두 번째 근거는 물리학의 일부(특히 전자기학)가 두뇌와

신경계를 이해하는 데 공헌했다는 의심할 수 없는 사실에 있다. 지금 우리는 대개 전기 회로 개념을 이용해서 메시지 전달을 서술하고 있다. 펜로즈의 이야기 중 일부도 꽤 최근에 전자기학에서 나온 내용에 근거를 둔다. 튜불린 이합체의 전기 분극이 달라지면 미세소관의 기하학적 형태가 달라져서 여러 각도로 굽을 수 있다는 것이다. 그러나 이런 종류의 논의는 소용이 없다. 물리학이 이야기의 일부를 말해 준다고 해서, 물리학이 이야기 전체를 말해 줄 것이라는 근거가 되기는 어렵다.

여기에 대한 반론을 위해 화학을 가져오기도 한다. 아무도 화학이 이야기의 상당한 부분을 말해 줄 것임을 부정하지 않는다. 그러나 화학에서 관계되는 부분은 사실 그 자체로 물리학이라 가정된다. 이것은 펜로즈 자신이 말하는 것과 같은 방식이다. "원자와 분자의 상호 작용을 조절하는 화학적인 힘들은 원래 양자역학적인 것이며, 시냅스 사이의 작은 틈을 통해 한 뉴런에서 다른 뉴런으로 신호를 전달하는 신경 전달 물질의 작용을 제어하는 것도 크게 보면 화학 반응이다. 마찬가지로 물리적으로 신경 신호의 전달을 통제하는 작용 전위도 명백히 양자역학적 기원을 갖고 있다"(SM, 384쪽). 화학은 "물리학이 이야기의 일부를 말해 준다"에서 "물리학이 이야기의 전부를 말해 준다"로의 거대한 논리적 비약에 대한 나의 염려를 무마하는 일을 하게 되었다. 그러나 똑같은 논리의 비약이 한 수준 아래에서 또 나타난다. 사실 우리는 물리화학을 물리학으로(양자이든 고전이든) 진정으로 환원시킬 수 있는 그 어떤 것도 가지고 있지 않다.[1] 양자역학은 화학적 현상의 한 측면을 설명하기 위해 중요하지만, 양자 개념은 언제나 다른 분야의 독자적인 개념들과 함께 부수적으로 (다시 말해 환원되지 않은 채로) 사용될 뿐이다. 양자 개념만으로는 현상을 완전하게 설명하지 못한다.

(3) 물리학이 정신을 설명할 수 있을 것이라는 세 번째 근거는 형이상학적인 면이다. 펜로즈가 말하는 논리의 사슬은 이렇다. 우리는 정신 작용이 신비로운 것이 아니라고 가정해야 하며, 이것은 정신을 과학적으로 설명할 수 있다는 뜻이고, 좁게 말해 물리적으로 설명할 수 있다는 뜻이다. 앞에서 말한 세미나에서 "왜 생물학이 아닌가?"라는 질문을 한 사람은 유명한 통계학자인 제임스 더빈(James Durbin)이었다. 내 생각에 여기에는 의미심장한 면이 있다. 통계학자로서 더빈은 복잡하게 얼룩진 세계에 살고 있다. 그는 과학 분야든 실용적인 분야든 온갖 특성들의 패턴을 연구하고 있다. 여기에 비해 펜로즈의 세계는 체계적으로 통일된 세계이고, 물리학이 이 통일의 기초이다. 내 생각에 이런 종류의 물리학주의(physics – ism)의 근거는 이것말고는 만족할 만한 형이상학이 없다는 데 근거한다. 이것이 없다면 우리에게는 받아들일 수 없는, 또는 펜로즈의 말을 빌리면 수수께끼 같은(mysterious) 이원론밖에 남지 않는다. 이것이 내가 논하려는 주제인데,[2] 그 이유는 물리 외에 대안이 없지 않느냐는 것이 많은 물리학자들의 진정

한 생각이라고 보기 때문이다. 물리학이 진정으로 세계를 서술한다고 진지하게 받아들이는 사람은 물리학의 주도권도 받아들여야 한다는 느낌이 있다.

왜 그럴까? 세상에는 수많은 특성들이 작용하고 있는 것으로 보인다. 이런 것은 이 과학의 분야에서 연구되고, 저런 것은 저 과학의 분야에서 연구되며, 어떤 것은 이 과학과 저 과학의 경계에서 연구되지만, 대부분의 것들은 전혀 어떤 과학에서도 연구되지 않고 있다. 모든 과학이 겉보기와 달리 속은 똑같다고 보장하는 것은 무엇인가? 나는 그것에 두 가지가 있다고 본다. 하나는 개별 과학들의 상호 작용이 체계적이라는 과도한 확신이고, 다른 하나는 물리학이 이룬 업적에 대한 과대평가이다.

그러나 일종의 물리학주의적인 일원론만이 가능하다고 보는 형이상학적 시각의 제한이 철학에 널리 퍼져 있으며, 이것은 개별 과학들을 물리학으로 환원하는 것에 저항하는 사람들에게도 마찬가지라고 지적해야겠다. 생물철학을 살펴 보면, 오래전에 환원론이 한물 가고 이제는 일종의 창발론이 진지하게 받아들여지는데, 이것은 새로 나타나는 성질과 법칙은 복잡성과 조직화가 더 증가한다는 것이다. 생물철학에서도 여전히 대다수가 일원론을 뛰어넘지 못해서, 그들은 '수반(supervenience)'을 주장할 수밖에 없다고 느낀다. 생물의 성질을 물리학의 성질이 수반한다는 것은, 대략적으로 말해 물리학적 성질이 동일한 두 상황은 생물학적 성질도 동일해야 한다는 것이다. 이것은 생물학의 법칙이 물리학 법칙으로 환원되는 것을 의미하지 않는다고 그들은 말하는데, 왜냐하면 생물학적 성질이 물리학적 성질에 의해 정의될 필요가 없기 때문이다. 그러나 이것은 생물학적 성질이 완전히 독립적인 성질이 아님을 뜻하는데, 그 이유는 생물학적 성질이 물리학적 성질에 의해 고정되기 때문이다. 물리학적 서술이 결정되고 나면, 생물학적 기술은 그것을 떠나서 성립할 수 없다. 생물학적 성질은 완전히 독립적인 지위를 가지지 못하며, 그것들은 이등 시민이다.

생물학적 성질들을 그 자체로 인과적 작용을 하는 독립된 성질로 진지하게 받아들이려는 시도는 경험적인 증거에 반항하는 것이 아니다. 나는 과학에서 우리가 보는 것을 당연하게 받아들인다. 가끔은 물리학이 생물계에서 일어나는 현상을 설명하는 데 도움을 준다. 그러나 앞에서 화학에 대해 말한 것과 똑같은 상황이 여기서도 나타난다. 환원되지 않은 독자적인 생물학적 서술과 함께가 아니면 물리학적 설명은 거의 소용이 없다. 그리하여 다른 곳에서 내가 사용한 슬로건을 조금 바꿔서 말할 수 있다. "생물학 안에 없다면, 생물학 밖에도 없다."*

---

*토론 중에 애브너 시모니는 이 문제에 대해 다음과 같이 말했다. "낸시 카트라이트는 정신을 물리학이 아니라 생물학의 맥락에서 논해야 한다고 주장했다. 나는 낸시 카트라이트의 요구 중에서 실증적인 부분에 대해 갈채를 보낸다. 물론 진화생물학, 해부학, 신경생리학, 발생학 등에서 정신에 대해 많은 것을 배울 수 있다. 하지만 물리학과 정신의 관계에 대한 연구가 무익하다는 점에는 동의하지 않는다. 학문들을 연결하는 일은 최대한 깊이 추구되어야 하며, 전체와 부분의 관계도 최대한 깊이 추구되어야 한다. 이러한 탐색이 어느 방향으로 갈지 선험적으로 알 수는 없으며, 영역마다 결과가 달라질 것이다.

가장 자연스러운 설명은, 물리학적 특성과 생물학적 특성이 서로 교류하면서 서로 영향을 끼친다는 것이다. 게다가 우리는 생물학적 기술과 물리학적 기술에 대한 판단을 맥락에 크게 의존하고, 인과적인 협력도 아주 많이 해서, 두 가지 성질이 함께 작용하여 어느 한 가지만으로는 일으킬 수 없는 결과가 나온다. 여기에서 "모두 물리학이 되어야 한다"로 가는 것은 내가 염려하는 대로 거대한 논리적 비약이다. 우리가 보는 것은 모두가 물리학이 되어야 한다는 관점과 정합적일 수 있지만, 유일하게 이런 결론만 나오는 것은 확실히 아니며, 사실은 이런 결론을 배제하는 것으로 보인다.[3]

모든 것이 물리학이 되어야 한다는 생각이 나오는 것은, 내가 보기에 완결성(closure)에도 약간의 이유가 있다. 좋은 물리학 이론의 개념과 법칙은 그 자체로 닫힌 계를 구성한다고 가정된다. 예측이 가능하기 위해서는 개념의 완결성이 필요하다. 내 생각에 이것은

따라서 벨의 정리와 거기에 따른 실험은, 공간적으로 분리된 얽힌 계의 상관성이 개별적인 계를 확정된 상태로 보는 이론으로는 설명되지 않음을 보여 주었다. 이것은 전일론(holism)의 위대한 승리이다. 2차원 이징(Ising) 모형이 상전이를 한다는 라르스 온사거(Lars Onsager)의 증명은 최근접 성분들끼리만 교류가 가능한 무한한 계에서도 긴 범위 질서(long-range order)가 나타날 수 있음을 보여 주었는데, 이것은 분석적 관점의 승리이자 환원 가능성(거시적 물리학에서 미시적 물리학으로)의 승리이다. 두 유형(전일론적인 것과 분석적인 것)의 발견은 모두 세계에 대해 중요한 어떤 것을 드러낸다. 학문들 사이의 관계에 대한 연구는 학문 내의 현상론적 법칙의 타당성을 침해하지 않는다. 그러한 연구는 현상론적인 법칙을 개선할 기회를 줄 수도 있고, 또한 그러한 법칙을 더 깊이 이해할 수 있게 한다. 예를 들어 파스퇴르가 분자들의 좌선성 또는 우선성이 용액을 통과하는 빛의 편광면 회전의 원인이라고 주장했을 때, 그는 입체화학의 기초를 세운 것이다."

물리학의 성공에 대한 잘못된(또는 최소한 보장이 없는 낙관적인) 견해이다. 철학에서 수반 개념이 약진할 때 특수 과학들의 개념도 마찬가지로 약진했다. 본질적으로 물리학을 제외한 모든 과학은 특수 과학이다. 이것은 특수 과학의 법칙들이 기껏해야 다른 상황이 모두 같을 때만 성립한다는 뜻이다. 특수 과학의 법칙들은 그 분야 밖의 것들과 충돌하지 않을 때만 유지된다.

그런데 물리학만 '다른 상황이 같을 때'라는 제약을 넘어서게 만드는 것은 무엇인가? 우리의 놀라운 실험적 성공은 이런 것을 보여 주지 않는다. 칸트에게 그렇게도 깊은 감명을 주었던 행성계에 관한 뉴턴의 업적도 이것을 보여 주지 못했다. 진공관이나 트랜지스터 또는 SQUID 자력계처럼 물리학의 엄청난 기술적 산물도 이것을 보여 주지 않는다. 이런 장치들은 어떠한 충돌도 일어나지 않는다고 보장되도록 만들어졌기 때문이다. 이것들은 외부 영역의 이론이 개입할 때도 법칙이 여전히 유효한지 검증하지 못한다. 물론 물리학의 경우, 물리학의 언어로 기술될 수 있고 물리 법칙들의 영향을 받는 다른 요인들을 제외한 어떤 것도 상호 충돌할 수 없다는 일반적인 믿음이 있다. 그러나 이것이 바로 우리가 문제삼는 점이다.

마지막으로 실재론(realism)에 대하여 언급하겠다. 나는 지금까지 여러 과학이 대략 비슷한 토대를 가지고 나란히 선 일종의 다원론을 이야기했고, 이 과학들이 연구하는 요소들이 다양한 상호 작용을 한다고 말했다. 이 생각은 과학이 자연을 반영하는 것이 아니라 인간의 구성물이라는 관점과 같이 가는 경우가 많다. 그러나 이것은 필연적인 관계가 아니다. 칸트는 정확히 반대의 위치에 서 있다. 통일된 체계가 가능할 뿐만 아니라 필연적이기 때문에 우리는 과학을 구성하는 것이다. 그럼에도 불구하고 오늘날 이러한 다원론적 관점은 사회적 구성주의와 결합되는 수가 많다. 따라서 다원론이 반실재론을 함의하지는 않는다는 것을 강조할 필요가 있다. 물리 법칙도 다른 상황이 같을 때 옳다고 말하는 것은 물리 법칙이 옳다는 것을 부정하는 것이 아니다. 물리학이 전적인 지배권을 갖지 못한다는 것뿐이다. 다원론에서 볼 때 물리학의 문제는 실재론이 아니라 제국주의이다. 따라서 나는 우리가 과학적 실재론에 대해서 토론하기를 원하지 않는다. 대신에 물리학이 그 일을 할 것이라는 자신의 형이상학적 선언에 대해 펜로즈가 토론해 주기를 원한다. 문제는 물리 법칙들이 옳고 정신 작용과 관련이 있는지가 아니라, 물리 법칙들이 모두 옳은지 또는 설명의 무거운 짐을 떠맡아야 하는지에 관한 것이다.

6장

낯 두꺼운 환원론자의 반론

스티븐 호킹(Stephen Hawking)

시작하기 전에 먼저, 나는 낯 두꺼운 환원론자라고 밝혀야겠다. 나는 생물학 법칙을 화학 법칙으로 환원시킬 수 있다고 믿는다. DNA 구조의 발견에서 우리는 이것이 옳다는 것을 이미 보았다. 더 나아가 화학 법칙도 물리학 법칙으로 환원될 수 있다고 나는 믿는다. 내 생각으로는 대부분의 화학자들이 여기에 동의할 것이다.

로저 펜로즈와 나는 특이점과 블랙홀을 포함하여 시공간의 대규모 구조를 함께 연구했다. 우리는 일반 상대성의 고전 이론에 대해서는 의견이 같았지만, 양자 중력에 대해서는 의견의 불일치가 있었다. 지금 우리는 물질 세계와 정신 세계에 대해 크게 다른 방법으로 접근하고 있다. 기본적으로 그는 플라톤주의자여서, 유일한 물리적 실재를 서술하는 유일한 관념의 세계가 있다고 믿는다. 반면에 나는 실증주의자여서, 물리 이론들은 단지 우리가 구성해 놓은 수학적 모형일 뿐이라고 믿으며, 이론이 실제에 대응하는지 묻는 것은 무의미하고 단지 이론이 관측을 예측하는지만 물어야 한다고 본다.

이러한 접근 방식의 차이로 펜로즈는 내가 강하게 반대하는 세 가지 주장들을 1장부터 3장에 걸쳐 주장했다. 그의 첫 번째 주장은 양자 중력이 그가 OR라고 부른 파동 함수의 객관적 오그라듦을 일으킨다는 것이다. 두 번째는 이 과정이 미세소관 속의 결맞는 흐름에 영향을 주어 뇌의 작용에 중요한 역할을 한다는 것이다. 그리고 세 번째는 괴델 이론 때문에 자아 인지(self-awareness)를 설명하기 위해 OR와 같은 것이 필요하다는 것이다.

우선 내가 잘 아는 양자 중력부터 시작하자. 그가 말하는 파동 함수의 객관적 오그라듦은 결흩어짐(decoherence)의 한 형태이다. 이러한 결흩어짐은 환경과의 상호 작용이나 시공간 위상의 변이에 의해 일어날 수 있다. 그러나 펜로즈는 이 두 가지 메커니즘 중 어느 것도 원하지 않는 것 같다. 대신에 그는 작은 물체의 질량으로 인해 생기는 시공간의 미소한 휘어짐 때문에 객관적 오그라듦이 일어난다고 주장한다. 그러나 이미 공인된 생각에 따르면, 그러한 휘어짐도 결맞음이나 객관적 오그라듦이 없는 해밀턴적 진행(Hamiltonian evolution)은 막지 않는다. 공인된 생각이 틀릴 수도 있으나, 펜로즈는 객관적 오그라듦이 일어날 때 우리가 계산을 할 수 있게 하는 것이 무엇인지 상세한 이론을 제시하지 않았다.

펜로즈가 객관적 오그라듦을 주장하는 동기는 슈뢰딩거의 불쌍한 고양이를 반은 살아 있고 반은 죽어 있는 상태에서 구출하기 위한 것으로 보인다. 확실히 오늘날과 같은 동물 해방 시대에는 어떤 사람도 감히 그런 과정을, 심지어 사고 실험으로도 제시하지 않을 것이다. 그러나 펜로즈는 객관적 오그라듦이 아주 약한 효과이기 때문에 환경과의 상호 작용으로 일어나는 결흩어짐과 실험적으로 구별할 수 없다고 주장한다. 이것이 사실이라면, 환경에 의한 결흩어짐도 슈뢰딩거의 고양이를 설명할 수 있다. 양자 중력까지 갈 필요가 없다. 객관적 오그라듦이 실험적으로 측정할 수 있을 만큼 충분히 강한 효과가 아니면, 객관적 오그라듦은 펜로즈가 원하는 일을 하지 못한다.

펜로즈의 두 번째 주장은 객관적 오그라듦이 뇌에 중요한 영향을 미친다는 것이고, 아마 미세소관 속의 결맞는 흐름에 영향을 미치기 때문에 그렇게 될 것이라고 한다. 나는 두뇌 작용에 관한 전문가가 아니지만, 이것은 매우 그럴 듯하지 못하며, 객관적 오그라듦을 믿는다고 해도(나는 믿지 않지만) 사정은 마찬가지이다. 나는 두뇌가 객관적 오그라듦과 환경적인 결흩어짐을 구별할 수 있을 만큼 충분히 차폐된 계를 갖고 있다고 생각하지 않는다. 만약 계가 그렇게 잘 차폐되어 있다면 그 계들은 심적 과정에 참여할 만큼 빠르게 상호 작용할 수 없을 것이다.

펜로즈의 세 번째 주장은 의식을 가진 정신은 비계산적이라는 괴델의 정리 때문에 어쨌든 객관적 오그라듦이 필요하다는 것이다. 다시 말해 의식은 생명체에게 아주 특별한 것이어서 컴퓨터로 모사할 수 없다고 펜로즈는 믿는다. 그는 객관적 오그라듦이 어떻게 의식을 설명할 수 있는지 분명히 하지 않았다. 오히려 의식은 미스터리이고 양자 중력 역시 또 다른 미스터리이므로, 따라서 둘 사이에 관련이 있어야 한다고 주장하는 것 같다.

개인적으로 나는 사람들이, 특히 이론 물리학자들이 의식에 대해 이야기하면 거북해진다. 의식은 외부로부터 측정할 수 있는 성질이 아니다. 내일 우리 집 문 앞에 초록색 난쟁이가 나타난다면, 우리는 그가 의식을 가지고 자아를 인지하는지 아니면 그냥 로봇인지 알아낼 방법이 없다. 나는 지능에 대해 말하는 것을 더 좋아하는데, 이것은 외부에서 측정할 수 있는 성질이기 때문이다. 나는 지능을 컴퓨터로 모사하지 못할 이유가 전혀 없다고 본다. 펜로즈가 3장에서 체스 문제로 보여 준 것처럼, 지금은 우리가 인간의 지능을 모사할 수 없다. 그러나 펜로즈도 인간의 지능과 동물의 지능을 나누는 경계가 없다는 데 동의했다. 따라서 지렁이의 지능을 고려하는 것만으로도 충분하다. 나는 지렁이의 뇌를 컴퓨터로 모사할 수 있다는 데에는 전혀 의심할 여지가 없다고 생각한다. 지렁이는 π_1 문장에 대해 걱정하기 않기 때문에 괴델 논의는 아무 상관이 없다.

지렁이의 뇌에서 사람의 뇌로의 진화가 다윈의 자연 선택에 의해 일어났다고 가정된다. 자연 선택에 의해 선택된 성질은 수학을 하는 능력이 아니라 적을 피하고 생식하는 능력이었다. 따라서 여기서도 괴델의 정리는 상관이 없다. 생존에 필요한 지능이 수학의 증명을 구성하는 데도 사용될 수 있다는 것뿐이다. 그러나 이것은 우연히 그러할 뿐이다. 분명히 우리는 인식할 수 있을 정도로 건전한(knowablely sound) 과정을 가지지 못한다.

파동 함수의 객관적 오그라듦이 존재하고, 이것이 뇌의 작용에 참여하며, 이것이 의식을 설명하는 데 필요하다는 펜로즈의 세 가지 주장에 대해 내가 반대하는 이유를 말했다. 이제 펜로즈의 답변을 기대해 본다.

7장

로저 펜로즈의 답변

애브너 시모니와 낸시 카트라이트 그리고 스티븐 호킹의 강평에 감사하며, 각 강평에 대하여 몇 가지 답변을 하고 싶다. 나는 그들의 강평에 대해 따로따로 답변할 것이다.

애브너 시모니에 대한 답변

우선 애브너의 비평을 매우 고맙게 생각하며, 내게 큰 도움이 되었다고 말하고 싶다. 그런데 그는 계산성(computability)의 문제에 대해, 내가 잘못된 산을 오르려는 것일 수 있다고 말했다! 이 말이 비계산성 외에도 심성에는 여러 가지 중요한 성질(manifestation)이 있다고 지적하는 것이라면, 그의 지적에 전적으로 동의한다. 또한 존 설이 말한 중국의 방 논의가 계산만으로 의식이 있는 심성을 일으킬 수 있다는 '강한 AI' 입장에 반대하는 설득력 있는 사례라는

211

것에도 동의한다. 존 설의 원래 논의는 나의 '괴델적인' 논의와 마찬가지로 '이해'라는 정신적 특성에 관련된 것이었으나, 중국의 방은 음악 소리를 감지하거나 빨간색을 인식하는 것 따위의 다른 심적 특성에도 사용될 수 있다(어쩌면 더 강력하게). 그러나 내가 이런 방향으로 논의를 끌고 가지 않은 이유는 이것이 전적으로 부정적인 특성을 띠고 있어서 실제로 의식에 무슨 일이 일어나는지에 대한 실마리를 주지 못하기 때문이며, 심성에 대한 과학적 근거를 찾기 위해 어느 쪽으로 가야 하는지에 대해 아무 방향도 제시하지 못하기 때문이다.

존 설의 추론은 내가 3장에서 사용한 **A/B** 구별(SM, 12~16쪽)에 전적으로 관련이 있다. 말하자면, 그는 의식의 **내적** 측면을 계산으로 요약할 수 없다는 것을 보여 주려고 한다. 이것은 나에게 충분하지 않은데, 나는 의식의 **외적** 표현 역시 계산에 의해 도달할 수 없다는 것을 보여 주어야 하기 때문이다. 나의 전략은 처음부터 어려운 내부의 문제를 공격하는 것보다는, 우선 목표를 낮게 잡아서 어떤 종류의 물리학이 의식이 있는 존재가 보여 주는 외적 행동들을 일으킬 수 있는지 알아보자는 것이다. 그래서 이 단계에서 내가 다룬 것이 **A/C** 또는 **B/C**의 구별이었다. 나의 경우에는 이 단계에서 실제로 성과를 얻을 수 있다. 이렇게 보면 나는 아직 **진정한** 정상을 등반한 적이 없다. 그러나 우리가 중요한 구릉 하나를 성공적으로 정복할 수 있으면, 이 새로운 고지에서 출발하여 진정한 정상에 오르는 것이 더 쉬워진다고 나는 믿는다.

애브너 시모니는 『마음의 그림자』에 대한 힐러리 퍼트남의 비평

Roger Penrose •

에 답변한 나의 편지를 언급하면서 내가 말한 것에 설득되지 않았다고 했다. 사실 나는 퍼트남에게 상세히 답변하려는 노력을 하지 않았는데, 잡지에 소개되는 편지가 상세한 토론을 하기에 적절한 곳이라고 보지 않았기 때문이다. 그 편지에서는 퍼트남의 비판들이 내가 보기에 억지라고 지적하고 싶었을 뿐이다. 그는 자신이 문제 삼은 부분을 읽어 보지도 않은 것 같아서 더 화가 났다. 『마음의 그림자』에 대한 여러 개의 비평이 나와 있는 《사이키(Psyche)》라는 (전자) 잡지에 훨씬 더 상세한 답변이 나갈 것인데, 그것이 애브너가 염려하는 것에 대한 답변이 되기를 바란다.* 사실 나는 '괴델'의 사례가 근본적으로 매우 강력한 것이라 믿으며, 비록 몇몇 사람들이 이것을 입에 담는 것조차 심하게 주저해도 내 생각은 마찬가지이다. 단지 몇몇 사람들이 싫어한다는 이유로 내가 기본적으로 옳다고 믿는 논의를 포기하지는 않을 것이다! 내가 말하고 싶은 요점은, 괴델의 사례 하나만으로 모든 대답을 얻을 수는 없겠지만, 그것은 어떤 종류의 물리학이 의식 현상의 저변에 놓여 있는지 알 수 있는 중요한 단서를 제공할 수 있다는 것이다.

애브너가 말한 실증적인 면에는 나도 근본적으로 동의한다고 생각한다. 그는 나의 『황제의 새 마음』과 『마음의 그림자』 어느 곳에서도 화이트헤드 철학을 언급하지 않은 것을 의아해 했다. 언급을 하지 않은 주된 원인은 나의 무지 때문이다. 그렇다고 내가 화이트헤드의 일반적인 견해를 모른다는 것은 아니며, 그는 일종의 '범심

---

* 다음 사이트에서 볼 수 있다. 1996년 1월 「http://psyche.cs.monash.edu.au/psyche - index - v2.html」. 인쇄본은 MIT press(1996년)에서 출판되었다.

론(panpsychism)'의 입장에 서 있다고 하겠다. 단지 나는 화이트헤드의 철학 저서를 자세히 읽어 본 적이 없기 때문에 화이트헤드의 철학에 대해 얘기하거나 그의 철학이 나의 생각과 비슷한지 아닌지에 대해 언급하기를 주저했던 것뿐이다. 나는 아직 이런 논의에 대해 확실하게 대답할 준비가 되지 않았고, 그 이유의 일부는 실제로 내가 믿는 것이 무엇인지 명확한 확신이 없기 때문이기도 하지만, 어쨌든 애브너가 제시한 것과 나의 일반적인 입장이 어긋나지는 않는다고 본다.

애브너의 '현대화된 화이트헤드주의'는 특별히 놀랍고, 그것의 적합성은 매우 시사적이다. 내가 품은 생각이 애브너가 그렇게 웅변적으로 보여 준 것과 매우 비슷하다는 것을 나는 깨달았다. 또한 한 사람의 마음의 통일성이 일종의 집합적 양자 상태로 나타나기 위해서 대규모 **얽힘**이 필요하다는 그의 생각은 옳다. 비록 나는 『황제의 새 마음』또는 『마음의 그림자』에서 심성이 존재론적으로 우주에 근본적인 것이 되어야 할 필요성을 명시적으로 주장하지 않았지만, 이런 성질을 가진 그 무엇이 꼭 필요하다고 본다. 의심할 바 없이 모든 **OR**의 발생에는 일종의 원시심성이 따라다니지만, 내 생각에 그 효과는 어떤 적절한 의미에서 극단적으로 '작아야' 할 것이다. 어떤 고도로 조직화된 구조 속에서 널리 퍼진 얽힘 없이는 일종의 (두뇌에서 일어나는 것과 같은) '정보 처리 능력'을 가진 진정한 심성은 나타날 수 없을 것이다. 이 문제에 관한 나의 입장에 대해 명확한 진술을 하지 못한 것은 단지 내가 아이디어를 잘 정식화하지 못했기 때문이라 생각한다. 애브너의 명확한 지적에 대해 매우 감사한다.

심리학에서 유비와 실험적 발견을 찾을 수 있을 거라는 생각이 중요한 통찰이라는 데에 나도 동의한다. 정말로 양자 효과가 사고 작용의 기초라면, 우리는 마땅히 심리학에서 이것이 주는 함의를 찾기 시작해야 한다. 그러나 한편으로 이런 논의에서 쉽게 결론으로 비약하여 잘못된 유비를 꺼내지 않도록 극도로 조심해야 한다. 확실한 것은 모든 곳이 지뢰밭이어서 숨겨진 함정들이 수두룩하다는 점이다. 그러나 수행할 수 있는 아주 명확한 실험들이 있을 수 있고, 그런 가능성을 탐구하는 것은 매우 흥미로울 것이다. 물론 미세소관 가설에 더 한정된 실험적 검증도 있을 수 있다.

애브너는 미엘니크의 비힐베르트(non‒Hilbertian) 양자역학을 언급했다. 이런 종류의 양자론 체계의 일반화는 항상 나의 흥미를 끌며, 더 깊이 연구해 보아야 한다고 믿는다. 그러나 이것이 정확히 우리가 필요로 하는 일반화라고는 생각하지 않는다. 나는 이 특정한 아이디어에서 두 가지 면을 불편하게 생각한다. 그중 하나는, 양자역학(의 일반화)에 대한 다른 여러 접근처럼, 이것도 실재를 기술하는 방식으로 양자 상태가 아니라 밀도 행렬에 집중한다는 것이다. 보통의 양자역학에서 밀도 행렬 공간은 볼록 집합(convex set)을 이루고, '순수 상태(이것이 단일 상태 벡터를 서술한다)'는 이 집합의 경계에서 생긴다. 이 그림은 보통의 힐베르트 공간에서 나오며, 힐베르트 공간의 텐서 곱의 부분 집합과 그 복소공액이 된다. 미엘니크의 일반화에서는 이 일반적인 '밀도 행렬' 그림이 유지되지만, 볼록 집합이 구성될 선형 힐베르트 공간이 없어진다. 나는 선형 힐베르트 공간을 일반화해서 없애는 아이디어는 좋지만, 양자론의 복소 해석적 측면이 없어지는 것은 싫으며, 이 손실은 이 접근 방식의 한 측면으로 보인다. 내가 이해하기로는 여기에서 상태 벡터와 비슷한 것이 없어지는데, 위상을 가진 상태 벡터까지만 없어진다. 이것 때문에 이 정식화에서 복소 중첩이 더욱 애매해진다. 물론 이 중첩이 바로 거시적인 규모에서 모든 문제를 일으키는 주범이므로, 이것을 없애 버려야 한다는 주장도 가능하다. 그러나 복소 중첩은 양자 수준에서 매우 근본적인 것이며, 내 생각에 이런 특정한 방식의 일반화는 양자론에서 가장 중요한 실증적인 부분을 잃는 것이다.

내가 이것을 불편하게 생각하는 다른 이유는, 일반화된 양자역학의 비선형적인 면은 측정 과정을 다룰 수 있도록 만들어져야 하고 여기에는 **시간 비대칭성**(time asymmetry) 요소가 들어가기 때문이다(『황제의 새 마음』 7장). 나는 이런 측면이 미엘니크의 구조에서 제 역할을 하지 못한다고 본다.

마지막으로, 양자역학의 기본 규칙을 뜯어고칠 수 있는 더 나은 이론적 틀에 대한 연구와, 이런 틀이 전통적인 양자론과 다르다는 것을 보여 줄 실험을 내가 지지한다는 것을 말하고 싶다. 나는 2장에서 말한 틀 중 어느 하나를 지금 검증해 볼 수 있는 아이디어 제안을 아직 보지 못했다. 아직 우리는 필요한 정확도에 몇 자리씩이나 미치지 못했지만, 아마 누군가가 검증할 수 있는 더 좋은 아이디어를 생각해 낼 것이다.

Roger Penrose •

낸시 카트라이트에 대한 답변

나는 연합 세미나에서 『마음의 그림자』에 대해 진지하게 토론했다는 낸시의 말을 듣고 매우 기뻤다. 그러나 낸시는 정신에 관한 문제를 생물학이 아니라 물리학으로 답하려는 것에 대해 회의론을 표명했다. 나는 먼저 이 문제에서 생물학이 중요하지 않다고 말하는 것이 아님을 분명히 밝히고 싶다. 사실 가까운 미래에 정말 중요한 발전들은 물리학보다는 생물학에서 이루어질 것이라고 생각한다. 우리가 물리학에서 필요로 하는 것은 내 생각에 혁명이며, 이 혁명이 언제 일어날지는 아무도 모른다!

그러나 낸시가 이런 양보를 바라지는 않았을 테고, 심성을 과학적으로 이해하려는 시도에서 생물학이 '근본적인 요소'를 제공한다는 점을 나에게 고려하라는 뜻일 것이다. '생물학'이라는 말을 현재의 맥락으로 한정한다면, 사실 나의 입장에서는 전혀 생물학적인 요소가 없는 의식이 가능하다고 본다. 반면에 내가 필수적이라고 보는 **물리적** 과정이 빠진다면, 그러한 의식적 존재는 불가능할 것이다.

여기까지 말하면서, 나는 물리학과 생물학 사이에 선을 어떻게 그을지에 관한 낸시의 입장을 명료하게 알 수가 없었다. 낸시가 이 문제에 대해 실용적인 입장을 취해서, 도움이 된다면 의식을 물리학의 문제로 봐도 좋다는 것으로 받아들이겠다. 그래서 낸시는 이렇게 묻는다. 생물학자보다 물리학자가 근본적인 발전을 이룰 수 있는 특정한 연구 프로그램을 내가 지적할 수 있는가? 내 생각에는 낸시의 제안에서 보이는 것보다 나의 제안이 더 많은 특정 프로그램을 가져온다. 우리는 매우 명확한 물리학적 특성으로 두뇌의 구조를 연구해야 한다고 나는 주장한다. 이 특성은 잘 차폐되어 공간적으로 넓게 퍼진 양자 상태가 존재할 수 있게 해야 하고, 이것이 적어도 수 초 정도는 유지되어야 하며, 이 상태에 관련된 얽힘이 뇌의 넓은 영역에 퍼져서 거의 수천 개의 뉴런이 참여해야 한다. 이런 상태를 유지하기 위해서는 매우 정밀한 내부 구성을 가진 생물학적 구조들이 필요하고, 여기에는 결정 구조와 비슷한 것도 들어갈 것이며, 그것은 시냅스 세기에 중요한 영향을 줄 수도 있어야 할 것이다. 나는 이것이 보통의 신경 전달만으로는 불충분하다고 보는데, 왜냐하면 필요한 차폐가 이루어질 가능성이 없기 때문이다. 프리드리히 벡(Friedrich Beck)과 존 에클레스(John C. Eccles)가 제안한 것처럼 전시냅스 소낭(presynaptic vesicular grid)과 같은 것들이 역할을 할 수 있겠지만, 내 생각에는 세포 골격의 미세소관이 더 알맞은 성질을 갖춘 것 같다. 이러한 정도의 규모에서는 전체적인 상에 필요한 다른 많은 구조들이 있을 것이다(예를 들어, 클래스린). 낸시는 나의 그림이 그리 세밀하지 않다고 말했지만, 내가 보기에는 이제까지 내가 보아 온 다른 어떤 것보다도 더 세밀하고, 매우 구체적인 방식으로 다듬을 수 있는 잠재성이 있으며, 여러 가지 실험적 검증의 기회도 있다. '완벽한' 그림에 가까이 가려면 많은 것이 필요하다는 점에 동의한다. 그러나 우리는 신중히 나아가야 하며, 한동안은 확정적인 검증을 기대하지도 않는다. 여기에는 더 많은 연구가 필요하다.

낸시가 더 심각하게 생각하는 점은 우리의 세계관 전체에 대한 물리학의 역할이다. 나는 낸시가 물리학의 지위를 과대평가하고 있다고 생각한다. 적어도 현재의 물리학자들이 보여 주는 세계관은 완결성 또는 심지어 정확성까지 과장하고 있다!

낸시는 현재의 물리 이론을 이론들의 누더기로 보면서(내가 보기에도 옳은 말이다), 이런 상황이 언제나 그대로일 것이라고 말한다. 아마 물리학자들이 궁극적으로 추구하는 목적인 완벽하게 통일된 그림은 이룰 수 없는 꿈일 것이다. 낸시는 이런 질문을 하는 것 자체가 형이상학이고 과학이 아니라고 본다. 이 점에 대해 내가 어떤 태도를 취해야 할지 모르겠지만, 여기에서 필요한 것을 고려하는 데 그렇게 멀리까지 가야 할 필요는 없다고 생각한다. 통일은 물리학에 전반적으로 나타나는 경향이며, 이러한 경향이 계속될 것으로 예상하는 많은 이유가 있다. 그렇지 않다고 주장하기 위해서는 담대한 회의론이 필요할 것이다. 현대 물리학 이론에서 '누더기'의 중요한 조각인 고전 수준과 양자 수준을 기워 놓은 것(내가 보기에는 설득력이 없지만)을 보자. 우리는 두 개의 다른 수준에 적용되는 근본적으로 양립할 수 없는 두 가지 이론과 함께 살아가는 법을 배워야 한다고 말할 수도 있다. (내가 보기에 이것은 보어의 견해와 대략 비슷하다.) 여러 해 뒤에는 이런 태도를 버릴 수 있을지 모르며, 측정이 더욱 정확해져서 두 수준의 경계선이 조사되기 시작하면, 우리는 자연이 실제로 이 경계선을 어떻게 다루는지 알기를 원할 것이다. 어쩌면 생물계의 행동 방식도 이 경계선에서 일어나는 일에 의해 결정적으로 좌우될 수도 있다. 내가 보기에 문제는 지금 우리에게 힘든 혼란처럼 보이는 것에 대처하는 멋진 수학적 이론이 나타날 것인지, 아니면 이 수준에서는 물리학 자체가 실제로 즐겁지 않은 혼란인지에 관한 것이다. 그러나 확실히 그렇지 않다! 이 문제에 대한 나의 직감이 이렇다는 것은 의심할 여지가 없다.

그러나 나는 이 단계에서의 물리학 법칙에서 즐겁지 않은 혼란을 받아들일 준비가 되어 있다는 낸시의 말에 감명을 받았다.* 낸시는 아마 물리학으로 환원되지 않는 생물학을 의미했을 것이다. 물론 생물계 안에는 이 수준에서 매우 중요한 역할을 하는 알려지지 않은 많은 복잡한 변수들이 있을 것이다. 이러한 계를 다루기 위해서는, 심지어 모든 기본적인 물리 이론이 알려졌다 하더라도, 모든 종류의 추측, 근사적 과정, 통계적 방법, 어쩌면 새로운 수학

---

* 토론 중에 낸시 카트라이트는 이 주제에 대한 의견을 다음과 같이 추가했다. "펜로즈는 열린 계를 다루지 못하는 물리학은 나쁜 물리학이라고 생각한다. 여기에 비해 나는, 이것도 매우 좋은 물리학이 될 수 있다고 본다. 내가 상상하는 대로 자연 법칙이 누더기라면 말이다. 세계가 물리학으로 환원될 수 없는 성질들로 가득하다면, 그리고 이 법칙들이 인과적으로 상호 작용한다면, 가장 정확한 물리학은 필연적으로 모든 상황이 같을 때의 물리학이 되어야 하고, 이 것은 닫힌 계에 대해서만 모든 이야기를 할 수 있다.

이 관점들 중에 어느 것이 옳을 것 같은가? 이것은 형이상학적 질문이며, 어떤 대답이든 우리가 가진 경험적 증거(여기에는 과학사도 포함된다)를 넘어선다는 의미에서 형이상학적이다. 나는 가능할 때마다 이런 형이상학적 논쟁을 피하자고 주장하며, 방법론적인 이유에서 둘 중 하나를 선택해야 한다면 양쪽 모두에 내기를 걸어야 한다고 주장한다. 어디에 걸어야 할지에 대해서는, 나는 물리학을 전적으로 신봉하는 사람들과 사뭇 다른 평가를 할 것이다. 현대 과학은 누더기이지 통일된 체계가 아니다. 우리가 실재의 구조에 내기를 걸어야 한다면, 나는 이것이 실재에 대해 우리가 가진 최상의 표현을 반영한다고 생각한다. 그리고 이것은 존재하는 그대로의 현대 과학이며, 우리가 존재한다고 상상하는 그것이 아니다."

적 방법까지 동원해야 합당하고 효과적인 과학적 논의를 할 수 있을 것이다. 그러나 표준적 물리학의 관점에서 보면, 생물계의 세부 사항들이 매우 혼란스러울 수 있지만, 이것은 기본적인 물리 법칙들 자체의 혼란은 아니다. 물리 법칙이 이런 면에서 완전하다면, 진정으로 '생물학적 특성은 물리학적 특성에 수반된다'.

그러나 나는 표준적 물리학 법칙들이 이런 면에서 완벽하지 않다고 본다. 게다가 나는 물리학 법칙들이 생물학과 중요하게 연관될 수 있는 방식에서도 정확하지 않다고 주장한다. 표준 이론에는 이런 종류의 구멍이 있으며, 전통적인 양자역학의 **R** 과정에 이런 구멍이 있다. 통상적인 관점에서 이것은 진정한 무작위성을 가져올 뿐이고, 새로운 '생물학적' 원리가 이런 진정한 무작위성을 방해하지 않으면서 제 역할을 할 수 있는 방법을 찾기란 어렵다. 이것은 물리학 이론의 변형을 의미한다. 하지만 나는 상황이 이것보다 더 나쁘다고 주장한다. 표준 이론에서 **R** 과정은 일원(**U**) 진행과 **양립하지 못한다**(incompatible). 냉엄하게도, 표준 양자론의 **U** 진행 과정은 드러난 관찰 사실과 거의 일치하지 않는다. 표준적인 관점에서는 여러 가지 적합성을 가진 다양한 방법으로 이것을 피해 가지만, 냉엄한 사실은 그대로 남는다. 내 생각에, 이것의 생물학적 의미가 무엇이든 이것이 물리학 문제라는 것에는 의심할 여지가 없다. 어쩌면 '누더기' 자연이 단순히 이러한 상황 속에서 살아간다는 것이 정합적인 견해인지도 모른다. 그러나 우리의 세계가 실제로 그렇다는 것에 대해 나는 크게 의심한다.

이런 일을 넘어서서는, 물리학을 수반하지 않는 생물학이 어떤 것인지 알 수 없다. 화학에 대해서도 마찬가지이다. (이 말은 내가 이 두 학문(생물학과 화학)을 존중하지 않는다는 뜻이 아니다.) 어떤 사람들이 계산할 수 없는 물리학을 상상할 수 없다고 나에게 말하는 것도 이것과 비슷한 것이다. 이것이 자연스럽지 못한 감정은 아니지만, 내가 3장에서 말한 '장난감 모형'을 보면 비계산적인 물리학이 어떤 것인지 조금 알 수 있다. 만약 어떤 사람이 나에게 '물리학'을 수반하지 않는 '생물학'이 어떤 것인지에 대해 이것과 비슷하게 말해 준다면, 나는 그런 아이디어를 신중하게 받아들일 것이다.

낸시의 주요 질문에 대한 나의 대답으로 돌아오자. 왜 나는 의식에 대한 과학적 설명을 위해 새로운 물리학을 찾아야 한다고 믿는가? 나의 짧은 대답은 애브너 시모니의 논의와 일치하는데, 나는 의식적 심성이 오늘날 우리의 물리적 세계상(생물학과 화학도 이 세계상의 일부이다)에 설자리가 없다고 본다. 게다가 물리학을 바꾸지 않으면서 생물학을 그 세계상에 포함되지 않도록 바꾸는 방법도 모른다. 원시심성의 요소를 기초 수준으로 가지고 있는 세계관을 사람들은 여전히 '물리학에 기반을 둔' 세계관이라고 부르기를 원할까? 이것은 용어의 문제이지만, 적어도 이것은 지금 이 순간에 내가 합당하고 즐겁게 받아들이는 것이다.

스티븐 호킹에 대한 답변

자신을 실증주의자라고 말한 스티븐의 주장에 따르면 그 역시 물리학이 '누더기'라는 것에 공감할 것이라고 생각된다. 그러면서도 내가 아는 바로 그는, 양자 중력에 대한 자신의 접근에서 U 양자역학의 표준 원리들을 불변하는 것으로 받아들인다. 그는 왜 일원 진행이 더 나은 어떤 것의 근사일 가능성에 공감하지 않는지 이유를 모르겠다. 나는 이것이 어떤 것의 근사라는 것을 기쁘게 받아들이며, 이것은 마치 뉴턴의 극도로 정확한 중력 이론이 아인슈타인의 이론적 근사인 것과 같다. 그러나 이것은 플라톤주의/실증주의와 거의 관계가 없어 보인다.

환경에 의한 결흩어짐만으로 슈뢰딩거의 고양이를 설명할 수 있다는 것에 나는 동의하지 않는다. 환경에 의한 결흩어짐에 관한 나의 입장은, 일단 환경이 고양이의 상태(또는 관심의 대상인 어떤 양자계든)와 풀 수 없게 얽히면, 우리가 따르기로 선택한 객관적 오그라듦의 틀과 어떤 실제적인 차이도 만들지 않는다는 것이다. 그러나 오그라듦을 위한 어떤 틀(그것이 잠정적으로 FAPP('모든 실용적인 목적을 위한') 틀이라고 해도)이 없이는, 고양이의 상태는 중첩으로 남을 것이다. 스티븐의 '실증주의적' 입장에서 보면, 그는 고양이 상태의 일원 진행이 어떻게 되든 상관하지 않을 것이고, '실재'를 서술하는 밀도 행렬에 신경을 쓸 것이다. 그러나 내가 2장에서 제시한 것처럼, 사실 이것은 고양이 문제를 우회하지 못하며, 밀도 행렬 서술에는 고양이가 죽어 있는지 살아 있는지, 또는 그 둘의 중첩 상태에 있는지 말해 주는 것이 아무 것도 없다.

객관적 오그라듦(OR)이 양자 중력 효과라는 나의 특정한 제안에 대해 '공인된 생각에 따르면 (시공간의) 휘어짐이 해밀토니안 진행을 막지 못할 것'이라는 스티븐의 의견은 확실히 맞다. 그러나 문제점은 **OR** 과정 없이는 다른 시공간 요소 사이의 간격이 점점 더 커질 수 있으며(고양이 경우처럼), 이것은 경험에 점점 더 어긋 난다는 것이다. 나는 공인된 생각이 이 단계에서 틀림없이 잘못되 었다고 믿는다. 게다가 이 수준에서 어떻게 될 것인지에 대한 나의 생각은 세밀한 것과는 아주 멀지만, 적어도 나는 원리적으로 실험 에 의한 검증이 가능한 기준을 제시했다.

이러한 과정이 뇌에서 중요한 역할을 할 가능성에 대해서, '아 주 그럴 법하지 않다'는 것에 나도 동의하며, 오늘날 우리의 물리학 적 세계상으로 설명할 수 없는 일이 의식을 가진 뇌에 일어나는 것 이 나에게(그리고 애브너 시모니에게도) 보이지 않는 한 그러하다. 물론 이것은 부정적인 논의이며, 여기에 너무 열중하지 않기 위해 아주 신중해야 한다. 뇌의 신경생리학과 생물학의 다른 측면에서 실제로 무슨 일이 일어나는지 극도로 주의 깊게 살펴보는 것이 매 우 중요하다고 생각한다.

마지막으로, 괴델 논의를 사용하는 나의 방식에 관해 말하겠다. 이런 종류의 논의를 사용할 때의 전체적인 요점은, 이것이 외부에 서 측정할 수 있는 그 무엇이라는 것이다(앞에서 말했듯이 나는 외 부에서 측정할 수 없는 **A/B** 구별이 아닌, **A/C** 또는 **B/C**의 구별을 고 려한다). 자연 선택에 관해서는, 내가 말한 정확한 요점은 수학을 하는 특별한 능력은 선택된 것이 아니라는 것이다. 만약 그랬다면 우리는 괴델의 구속복을 입고 꼼짝 못하겠지만, 우리는 그렇지 않 다. 이 논의의 전체적인 요점은, 이 특별한 관점에서, 진화에 의해 선택된 것은 일반적인 **이해** 능력이라는 것이고, 이 능력은 우연하게도 수학적 이해에도 적용될 수 있다는 것이다. 이 능력은 비알고 리듬적인 것이어야 하지만(괴델 논의 때문에), 이것은 수학이 아닌 여러 가지 다른 것에도 적용된다. 나는 지렁이에 대해서는 모르지만, 코끼리, 개, 다람쥐, 그리고 다른 많은 동물들이 이 능력의 많은 부분을 공유한다고 확신한다.

부록 1

굿스타인의 정리와 수학적 사고

3장에서 나는 괴델 정리의 한 가지 변형에 대한 증명을 보여 주었는데, 이것은 인간의 이해에는 계산 절차로 모사할 수 없는 성분이 들어 있어야 한다는 나의 주장을 지지하기 위한 것이었다. 그러나 사람들은 우리가 생각하는 방식의 괴델 정리가 중요하다는 것을 잘 이해하지 못하며, 수학적 사고만을 대상으로 할 때조차도 그렇다. 여기에 대한 한 가지 이유는, 이 정리를 보여 주는 보통의 방식에 따르면 괴델의 절차가 만들어 내는 실제의 '증명할 수 없는' 명제는 전혀 수학적으로 흥미롭지 않다는 것 때문이다.

괴델의 정리가 말하는 것은, 모든 (충분히 긴) 계산에 의한 증명 절차 P가 확고하게 옳도록 만들어졌다면, 명료한 산술적 명제 $G(P)$도 마찬가지로 확고하게 옳도록 만들 수 있지만, 원래의 증명 과정 P로 이것을 유도할 수 없다는 것이다. 여기에서 난점은, 괴델의 처방을 **그대로** 따라서 만든 수학적 명제 $G(P)$는 엄청나게 이해하기 어렵고, 우리가 이것이 참이라는 것을 알지만 P로는 유도할 수 없다는 것만 제외하면 수학적으로 전혀 흥미롭지 않은 명제라는 것이다. 따라서 수학자들조차 $G(P)$와 같은 수학적 명제를 즐겁게 무시하는 경우가 많다.

그러나 괴델의 명제를 쉽게 알 수 있는 예가 있는데, 이 예는 보통의 산술에 사용되는 범위를 넘어선 수학 용어와 기호에 익숙하지 않은 사람들도 쉽게 이해할 수 있다. 1996년에 댄 아이작손(Dan Isaacson)의 강의에서 나는 특별히 놀라운 예를 보았고, (이 책의 기초가 된 태너 강연이 끝난 뒤에) 내가 이 책의 내용을 쓰는 중에는 여기에 대해 알지 못했다. 이것이 **굿스타인의 정리**[1]라고 알려진 결과이다. 여기에서 굿스타인의 정리를 소개하는 것은 아주 유익해서, 독자들이 괴델 형의 정리[2]를 직접 경험할 수 있게 되리라고 믿는다.

굿스타인의 정리를 이해하기 위해, 임의의 자연수 중에서 예를 들어 581을 생각하자. 먼저, 이 수를 2의 제곱수의 합으로 나타내자.

$$581 = 512 + 64 + 4 + 1 = 2^9 + 2^6 + 2^2 + 2^0$$

(이것은 581이라는 수를 **이진법**으로 표현하는 것으로, 이진수 1001000101이다. 이진수에서 1은 그 자리에 2의 제곱수가 있다는 뜻이고, 0은 없다는 뜻이다.) 이 식에서 '지수'인 9, 6, 2도 똑같은 방법으로 바꿀 수 있고($9 = 2^3 + 2^0$, $6 = 2^2 + 2^1$, $2 = 2^1$), 이렇게 해서 다음과 같은 식을 얻는다($2^0 = 1$, $2^1 = 2$임을 고려하라).

$$581 = 2^{2^3+1} + 2^{2^2+2} + 2 + 2^2 + 1$$

이 단계에서도 여전히 지수 3이 남아 있으므로, 이것은 다시 바꿔서($3 = 2^1 + 2^0$) 다음과 같은 식을 얻을 수 있다.

$$581 = 2^{2^{2+1}+1} + 2^{2^2+2} + 2^2 + 1$$

수가 더 큰 경우에는 이 단계를 여러 차례 반복할 수도 있다.

이번에는 이 식에 일련의 단순한 조작을 가하는데, 여기에서는 다음의 두 가지 절차를 반복한다.

(a) '밑'을 1씩 증가시킨다.

(b) 1을 뺀다.

(a)에서 말한 '밑'은 앞의 식에서는 '2'이지만 3, 4, 5, 6과 같은 더 큰 밑에서도 비슷한 것을 찾을 수 있다. 위에 나온 581의 마지막 식에 (a)를 적용해서 2를 모두 3으로 바꾸면, 다음과 같이 된다.

$$3^{3^{3+1}+1} + 3^{3^3-1+3} + 3^3 + 1$$

(이것은 40자리 숫자이고, 133027946…으로 시작한다.) 여기에 (b)를 적용하면, 다음과 같다.

$$3^{3^{3+1}+1}+3^{3^2+3}+3^3$$

(물론 이것도 40자리 숫자이고, 133027946…으로 시작한다.) 여기에 (a)를 또 적용하면, 다음과 같다.

$$4^{4^{4+1}+1}+4^{4^4+4}+4^4$$

(이번에는 618자리의 숫자이고, 12926802…으로 시작한다) 여기에 또 (b)를 적용해서 1을 빼면, 다음과 같다.

$$4^{4^{4+1}+1}+4^{4^4+4}+3\times4^3+3\times4^2+3\times4+3$$

(여기에서 3이 많이 나오는 것은 십진수 10000에서 1을 빼면 9999가 되어서 9가 많이 나오는 것과 비슷하다.) 다시 (a)를 적용하면 다음과 같다.

$$5^{5^{5+1}+1}+5^{5^5+5}+3\times5^3+3\times5^2+3\times5+3$$

(이것은 10,923자리의 숫자이고, 1274…로 시작한다.) 여기에서 계수 3은 밑(이 경우에는 5)보다 작아야 하고, 밑의 증가에 영향을 받지 않는다는 것에 주의하라. 다시 (b)를 적용하면 다음과 같다.

$$5^{5^{5+1}+1}+5^{5^5+5}+3\times5^3+3\times5^2+3\times5+2$$

이렇게 해서 (a), (b), (a), (b), (a), (b)를 계속 적용할 수 있다. 수는 계속 증가하는 것으로 보이고, 이것이 무한정 계속될 것이라고 자연스럽게 가정할 수 있다. 그러나 사실은 그렇지 않다. 굿스타인의 놀라운 정리에 의하면, 어떤 자연수(여기에서는 581)로 시작하든지 항상 결국에는 0으로 끝난다!

이것은 아주 특별해 보인다. 그러나 사실 이것은 옳으며, 이 사실에 대한 느낌을 얻기 위해 독자들이 직접 해 보기 바란다. 먼저 3으로 해 보고(여기에서 $3 = 2^1 + 1$이고 계속하면 3, 4, 3, 4, 3, 2, 1, 0이 된다) 다음에는 더 중요한 것으로 4를 해 본다. (여기에서 $4 = 2^2$이고 계속하면 4, 27, 26, 42, 41, 61, 60, 84… 같은 수열이 되지만, 121,210,695자리의 숫자에 이른 다음 줄어들어서 결국은 0이 된다.)

더 특별한 점은, 굿스타인의 정리가 실제로는 우리가 학교에서 배운 **수학적 귀납법**[3]이라고 부르는 절차에 대한 괴델 정리라는 것이다. 수학적 귀납법은 어떤 수학적인 명제 $S(n)$이 모든 $n = 1, 2, 3, 4, 5, \cdots$에 대해서 성립하는 것을 증명하는 방법이다. 증명은 먼저 $n = 1$에 대해 성립하는 것을 보여 주고, n의 경우에 성립하면 $n+1$의 경우에도 성립해야 함을 보여 주는 것이다. 낯익은 예를 살펴 보자.

$$1+2+3+4+5+\cdots+n = \frac{1}{2}n(n+1)$$

이것을 수학적 귀납법으로 증명하려면, 먼저 $n = 1$일 때 옳다는 것을 보여야 하고(명백하다), n에 대해 공식이 성립한다면 $n+1$에 대해서도 성립함을 확인하면 된다. 이것은 다음과 같기 때문에 확실히 옳다.

$$1+2+3+\cdots+n+(n+1) = \frac{1}{2}\,n(n+1)+(n+1)$$
$$= \frac{1}{2}\,(n+1)+((n+1)+1)$$

로렌스 커비(Laurence Kirby)와 제프 패리스(Jeff Paris)가 증명한 것은, P가 수학적 귀납법에 대해 성립하면(보통의 산술과 논리 연산으로), $G(P)$를 굿스타인 정리의 형태로 다시 표현할 수 있다는 것이다. 이것이 말하는 것은, 우리가 수학적 귀납법을 신뢰할 수 있다고 믿는다면(거의 의심할 수 없는 가정이다), 굿스타인 정리도 참이라고 믿어야 한다는 것이다. (수학적 귀납법만으로 증명할 수 없다는 사실에도 불구하고!)

이러한 의미에서 굿스타인 정리의 '증명 불가능성'은 우리가 그것이 참이라고 보는 것을 막지 못한다. 우리의 통찰력은 이전까지 우리에게 허용되었던 제한적인 '증명' 절차를 초월하게 한다. 사실 굿스타인이 그의 정리를 증명한 방식은 '초한 귀납법(transfinite induction)'이라고 불리는 것의 한 예를 사용한 것이다. 현재의 맥락에서 이것은 사실 굿스타인 정리의 '추론'이 참이라는 것에 익숙해짐으로써 바로 알 수 있도록 직관을 조정하게 한다. 이 직관은 대개 굿스타인 정리의 개별적인 경우를 많이 접함으로써 얻을 수 있다. 여기에서 일어난 일은, (b)의 아주 작은 작용이 지수의 탑을 조금씩 그러나 사정없이 '갉아먹어서' 결국 아무것도 남지 않게 만든다는 것이다. 이것이 말하는 모든 것은, **이해**의 성질은 특정한 규칙들의 집합으로 요약될 수 없다는 것이다. 더욱이 '이해한다'는 것은 우리의 인지(awareness)에 따르는 성질이고, 따라서 의식적 인지가 무엇이든 '이해한다'는 행위가 있는 곳에는 본질적으로 이것이 개입한다. 그러므로 우리의 인지는 어떠한 종류의 계산 규칙으로도 요약될 수 없는 요소를 포함하는 그 무엇으로 보인다. 사실 우리의 의식 작용이 본질적으로 '비계산적 과정'이라고 믿는 매우 강한 이유가 있다.

이 결론에는 분명히 일말의 빈틈이 있다. 그리고 의식적 심성을 계산으로 설명할 수 있다는 철학적 관점의 지지자들은 이 빈틈에 안주할 수 있다. 기본적으로 이 빈틈은 우리의 (수학적) 이해 능력이 어떤 계산적 절차의 결과이기는 하지만, 너무 복잡해서 알 수 없거나, 또는 원리적으로 알 수 있지만 실제로는 알 수 없을 상태로 옳거나, 부정확하고 근사적으로만 옳을 수 있기 때문이다. 『마음의 그림자』 2~3장에서 나는 가능한 빈틈을 아주 자세하게 다루었으므로, 이 문제를 더 깊이 알고 싶은 독자에게 이 논의를 따라가 보라고 추천한다. 이 논의를 따라가기 전에 《사이키》에 내가 발표한 「그림자에 대한 의심을 뛰어넘어」[4]를 먼저 읽으면 도움이 될 것이다.

부록 2
■
중력에 의한 상태의 오그라듦을 검증하는 실험

2장에서 나는 다음과 같은 제안을 대략 설명했다. 두 상태의 질량 변위가 상당할 때, 이 두 상태는 양자 중첩이 저절로 붕괴되어 (외부에서 아무런 '측정'이 없어도) 둘 중의 어느 한 상태로 된다는 것이다. 이 특별한 제안에 따르면, 이러한 **객관적 상태의 오그라듦(OR)**은 대략 시간 척도 $T=h/E$ 동안에 일어난다. 이때 E는 중력 에너지로, 두 상태의 질량 분포 차이에 따라 결정된다. 이 에너지 E는 한 상태의 물체를 다른 상태에 있는 물체의 중력장 아래에서 주어진 질량 분포를 갖도록 옮길 때 필요한 에너지로 볼 수 있고, 이것은 두 상태의 질량 분포가 가지는 자체 중력 에너지(gravitational self-energy)의 **차이**라고 할 수 있다.

이 책을 처음 출판한 뒤에 지금까지 이 주제에 대해 두 가지 발전이 있었는데, 하나는 이론에 관한 것이고 다른 하나는 실험에 관한 것(제안)이다. 둘 다 "객관적 오그라듦이 일어났을 때 우리가 계산을 할 수 있는 상세한 이론을 제시하지 못했다"는 스티븐 호킹의 불평과 거기에 대한 나의 대답, 그리고 가능한 실험에 대한 나의 언급과 중요하게 관련되어 있다.

이론적인 면에서 내 제안에 약간의 불완전성이 발견되었는데, 이 제안은 이 책과 『마음의 그림자』 6장 12절(그리고 이것과 밀접하게 연관된 러요스 됴시(Lajos Diosi, 1989)의 제안에도 비슷한 난점이 있다)에 나온 것으로, 중력 상수 G(그리고 h와 c) 외에는 아무런 기본 척도 인자가 도입되지 않았다는 것이다. 이 불완전성은 어떤 상태가 선호되는 상태여서 일반적인 상태들이 그 상태로 오그라드는지 명쾌한 언급이 없다는 사실에 기인한다. 선호되는 상태가 '위치 상태'여서 각각의 입자들이 완벽하게 결정된 '점 같은' 위치를 가진다면, 관련된 중력 에너지가 무한대가 되어서 모든 상태가 즉각 오그라들고, 따라서 잘 검증된 여러 가지 양자 효과를 크게 위반하게 된다. 그러나 선호되는 어떤 상태들이 없다면 어떤 상태는 불안정한 '중첩'이고, 그 어떤 상태가 이러한 중첩이 붕괴해서 되려고 하는 (선호되는) 상태인지 말할 수 없다. (**OR**의 틀에 따르면 이 붕괴는 h/E의 수명을 가져야 한다는 것을 기억하자. 유한한 질량이 한 점에 집중되면 $E=\infty$가 된다.) 러요스 됴시(1989)가 처음에 했던 정식화에도 비슷한 문제가 있는데, 이것이 이른바 에너지 비보존(非保存) 문제이고 지라르디, 레나타 그라시(Renata Grassi), 리미니가 이것을 지적해서 관측 결과와 심각하게 어긋난다는 것이 알려졌다. 이 저자들은 매개 변수(기본 길이 λ)를 추가하여 이 문제를 해결했지만, λ에 특정한 값을 할당할 수 있는 선험적인 근거는 없다.[1] 사실 이렇게 수정한 틀에서는 입자들을 개별적인 점이 아니라 지름이 λ 정도인 영역 안에 있게 한다.

내가 제안하는 틀에서는 λ 같은 부가적인 매개 변수가 없다. 우리가 이미 가지고 있는 (관련된) 기본 상수, 즉 G, $\hbar$, c (비상대성 이론적인 체제에서는 c가 필요없다)만 가지고 모든 것이 고정된다. 그러면 어떻게 '선호되는 상태'가 정해질까? 그것에 대한 아이디어는, 속도가 c에 비해 작고 중력 퍼텐셜도 작다고 할 때, 이 상태들이 내가 **슈뢰딩거 - 뉴턴 방정식**이라고 부르는 것의 **정상(正常)**적인 해가 된다는 것이다. 이 방정식은 단순히 파동 함수 Ψ에 대한 (비상대성 이론적인) 슈뢰딩거 방정식에 뉴턴 중력 퍼텐셜 Φ라는 항이 하나 더 있는 것이며, Φ의 근원은 Ψ에 의해 결정된 질량 분포의 기대값이다. 일반적으로 이것은 복잡한 비선형 연립 편미분 방정식이 되는데, 여기에 대해서는 아직도 연구가 진행되고 있다. 단일한 점 입자의 경우조차도, 이러한 방정식에서 적절한 성질을 가진 (무한대에서의 작용까지 고려해서) 정상 해를 찾는 것은 쉬운 일이 아니다. 그러나 최근의 연구에서 단일 점 입자에 필요한 해가 존재한다는 것이 알려졌고, 이것은 이 제안을 수학적으로 뒷받침하는 것이다.[2]

물론 결정저인 질문은 이런 성질을 기진 틀이 기시적인 양자 중첩에서 실제로 일어나는 일과 잘 어울리는가 하는 것이다. 이 질문을 실험적으로 검증하는 제안 중에 실현 가능한 아이디어도 있다는 것은 매우 흥미롭다. 기술적으로는 매우 어렵겠지만, 제안된 실험은 원리적으로 현재의 기술로 도달할 수 있는 것 이상을 요구하는 것 같지 않다. 이 아이디어는 작은 결정체를, 어쩌면 먼지 조각 크기쯤의 결정체를 아주 조금 떨어진 두 곳에서 일어난 양자 중첩에 집어넣고, 이 중첩이 1초의 몇분의 1 정도의 시간 동안 어느 한 상태로 저절로 붕괴되지 않고 결맞음을 유지하는지 보는 것이다. 위에서 말한 나의 틀에 따르면 이러한 붕괴가 일어날 수 있고, 전통적인 관점에서는 중첩이 무한정 유지되어야 한다(어떤 다른 형태의 결흐트러짐이 상태를 오염시키지 않는 한).

이 실험에 사용될 만한 장치의 구성을 대략 설명하겠다.[3] 기본적인 실험 장치는 '그림 1'과 같다. 나는 입사하는 입자를 광자라 생각하고 이 장치를 그렸다. 그러나 이것은 설명을 쉽게 하기 위한 것일 뿐임을 분명히 해야겠다. 지상(地上) 실험에서는 중성자나 적당한 중성 원자를 사용하는 것이 더 좋을 것이다. 그 이유는, 이런 실험에 사용될 광자는 대개 X선 광자여야 하고, 이런 광자에 대해 필요한 공동(cavity)을 만드는 것은 기술적으로 대단히 어렵기 때문이다. (우주 실험에서는 두 우주 정거장 사이의 **거리**가 '공동'의 역할을 할 수 있다.) 어쨌든 기술의 편의를 위해, 어떤 입자를 사용하든 그냥 '광자'라고 부르겠다.

광원에서 광자 한 개가 빔 분할기로 간다. 빔 분할기가 광자의 상태를 크기(amplitude)가 같은 두 부분으로 분리한다. 이렇게 만들어진 광자 상태의 중첩 중 한 부분(반사된 부분)은 예를 들어 10분의 1초 동안 결맞음을 잃지 않고 유지되어야 한다. 지상 실험에서 이것은 광자를 어떤 종류의 공동에 가두어서 만들 수 있다. 우주 실

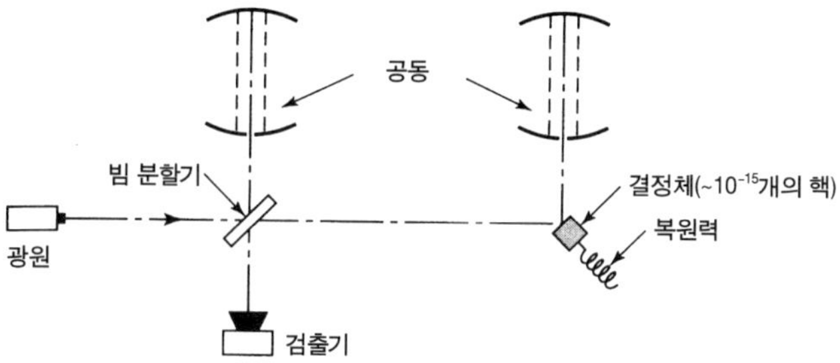

(a)

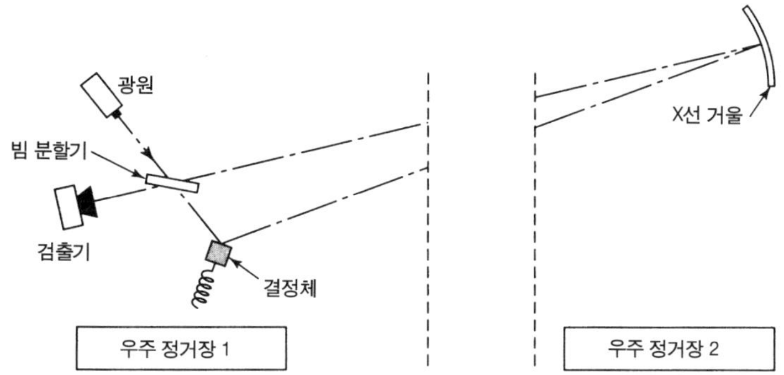

(b)

그림 1 (a) 지상 실험. (b) 우주 실험.

험에서는 광자를 멀리(대략 지구 지름 정도로) 떨어진 우주 정거장
에 있는 X선 거울로 보내면 될 것이다. 광자 상태의 다른 한 부분은
작은 결정체(약 10^{15}개의 핵이 있다)에 충돌시키는데, 이렇게 하면
광자는 상당한 운동량을 결정체에 주면서 반사된다. 지상 실험에
서는, 결정체에서 반사된 부분도 비슷한 (아마도 같은) 공동에 가둔

다. 우주 실험에서는 이 부분도 우주 정거장의 거울로 보낸다. 결정체는 강체처럼 행동해서 광자의 충격으로 받은 운동량을 모든 원자가 골고루 나눠 가지며(뫼스바우어(Mössbauer) 결정체처럼) 내부 진동이 일어나지 않아야 한다. 이 결정체는 일종의 복원력에 의해('그림 1'에는 용수철로 표현되었다) 원래의 위치로 돌아오는 데, 여기에 약 10분의 1초가 걸린다고 하자. 지상 실험에서는 바로 이 순간에 결정체에 반사되어 공동에 갇혔던 광자의 부분이 풀려 나와 왔던 길을 되돌아가서 자기 위치로 돌아오는 결정체의 속도를 상쇄한다. 광자 상태의 다른 부분도 정확한 타이밍으로 풀려 나와서 두 부분이 최초의 빔 분할기에서 만난다. 우주 실험에서는 우주 정거장에 있는 거울이 광자 상태의 각 부분을 원래의 자리로 되돌려 보내고, 그 다음부터는 지상 실험과 비슷하게 진행된다. 두 실험 모두에서 전체 과정 동안 위상의 결맞음이 깨지지 않았다고 가정한다면, 광자 상태의 두 부분이 빔 분할기에서 결맞게 합쳐져 왔던 길로 그대로 되돌아간다. 따라서 빔 분할기의 다른 출구에 있는 검출기에는 아무것도 잡히지 않는다.

이제 나의 제안에 따르면, 결정체가 가지는 두 위치의 중첩은 앞의 설명에서 대략 10분의 1초쯤 지속되는데, 이것은 불안정하며, 붕괴 시간도 이 정도의 길이가 된다. 결정체의 파동 함수는 핵들의 위치에 따른 질량 분포의 기대값이 핵들의 평균 위치에 상당히 밀집하도록 주어진다고 가정하자. 그러므로 나의 제안에 따르면, 중첩된 결정체의 위치('슈뢰딩거의 고양이')가 저절로 오그라들어서 어느 한 위치에 있게 될 확률이 높다. 광자의 상태는 처음부터 결정체의 상태와 얽혀 있어서, 결정체의 상태가 저절로 오그라들면 광자 상태도 동시에 오그라들게 된다. 이렇게 되면 광자는 이제 '어느 한쪽 길로만 가게 되어' 더 이상 둘의 중첩이 아니며, 두 빔 사이의 결맞음이 깨져서 검출기에서 광자가 검출될 상당한 (계산 가능한) 확률이 생긴다.

물론 실제의 실험에서는 두 빔 사이의 간섭성을 파괴할 수 있는 여러 가지 형태의 결흩어짐이 있을 것이다. 여기에서 아이디어는, 이러한 결흩어짐을 모두 상당히 낮은 수준으로 끌어내린 다음, 관련된 변수들(결정체의 크기와 성질 및 빔 분할기와의 거리(격자 간격에 비해서) 등)을 바꿔가면서 내가 제안한 **OR**에 의한 결흩어짐의 확인이 가능하다는 것이다. 제안된 실험의 변형들 중에서 고려할 만한 가치가 있는 것이 많이 있다. (이것들 중에서 뤼시앙 하디(Lucien Hardy)가 제안한 것은 두 광자를 사용하는 것으로, 각각의 광자가 10분의 1초 동안 결맞음을 유지할 필요가 없으므로 지상 실험에 약간 유리할지도 모른다.) 내가 보기에 멀지 않은 장래에, 나의 **OR**뿐만 아니라 문헌에 나온 양자 상태의 오그라듦에 대한 다양한 제안들도 실제로 검증될 전망이 있다.

이 실험의 결과는 양자역학의 기초에 중요한 의미를 가진다. 이 것은 다른 과학 분야에 대한 양자역학의 적용에 심대한 영향을 줄 것이며, '양자 상태'와 '관측자'를 분명하게 구분할 필요가 없는 생물학 같은 분야도 여기에 영향을 받을 것이다. 특히 의식 현상의 기초가 되는 뇌 속의 물리학적 및 생물학적 과정에 대한 스튜어트 해머로프와 나의 제안은 이 실험들이 검증하려고 하는 효과들의

존재와 규모에 결정적으로 의존한다. 이러한 실험에서 부정적인
결론이 나오면, 우리의 제안은 거부되는 것이다.

참고 문헌/주

1~3장

Albrecht-Buehler, G.(1981), Dose the geometric design Of centrioles imply their function? 《Cell Motility》, 1, 237~45.

Albrecht-Buehler, G.(1991), Surface extensions Of 3T3 cells towards distant infrared light sources, 《J. Cell Biol.》, 114, 493~502.

Aspect, A., Grangier, P., and Roger, G.(1982), Experimental realization of Einstein-Podolsky-Rosen-Bohm Gedankenexperiment: a new violation of Bell's inequalities, 《Phy. Rev. Lett》, 48, 91~4.

Beckenstein, J.(1972), black holes and the second law, 《Lett. Nuovo Cim.》, 4, 737~40.

Bell, J.S.(1987), 『Speakable and Unspeakable in Quantum Mechanics』 (Cambridge: Cambridge University Press).

Bell, J.S.(1990), Against measurement, 《Physics World》, 3, 33~40.

Berger, R.(1966), The undecidability of the domino problem, 《Memoirs Amer. Math. Soc.》, No. 66(72pp.).

Bohm, D. and Hiley, B.(1994). 『The Undivided Universe』(London: Routledge).

Davenport, H.(1968), 『The Higher Arithmetic』, 3rd edn.(London: Hutchinson's University Library).

Deeke, L., Grötzinger, B., and Kornhuber, H.H.(1976), Voluntary finger movements in man: cerebral potentials and theory, 《Biol. Cybernetics》, 23, 99.

Deutch, D.(1985), Quantum theory, the Church-Turing principle and the universal quantum computer, 《*Proc. Roy. Soc. (Lond.)*》, **A400**, 97~117.

DeWitt, B.S. and Graham, R.D., eds.(1973), 『*The Many-Worlds Interpretation of Quantum Mechanics*』(Princeton: Princeton University Press).

Disósi, L.(1989), Models for universal reduction of macroscopic quantum fluctuations, 《*Phys. Rev.*》, **A40**, 1165~74.

Fröhlich, H.(1968), Long-range coherence and energy storage in biological systems, 《*Int. L. Of Quantum. Chem.*》, **II**, 641~9.

Gell-Mann, M. and Hartle, J.B.(1993), Classical equations for quantum systems, 《*Phys. Rev.*》, D 47, 3345~82.

Geroch, R. and Hartle, J.(1986), Computability and physical theories, 《*Found. Phys.*》, 16, 533.

Gödel, K.(1931), Über formal unentscheidbare Sätze der Principia Mathematica und verwandter System 1, 《*Monatshefte für Mathematik und Physik*》, 38, 173~98.

Golomb, S.W.(1966), 『*Polyminoes*』(London: Scribner and Sons).

Haag, R.(1992), 『*Local Quantum Physics: Fields, Particles, Algebras*』(Berlin: Springer-Verlag).

Hamerogg, S.R. and Penrose, R.(1966), Orchestrated reduction of quantum coherence in brain microtubules-a model for consciousness. 『*In toward a science of consciousness: Contributions from the 1994 Tucson Conference*』, eds, S. Hameroff, A. Kaszniak and A. Scott(Cambridge, MA: MT Press).

Hameroff, S.R. and Penrose, R.(1996), Conscious events as orchestrated space-time selections. 《*J. Consciousness Studies*》, 3, 36~53.

Hameroff, S.R. and Watt, R.C.(1982), Information processing in microtubules, 《*J. Theor. Biol.*》, 98, 549~61.

Hawking, S.W.(1975), Particle creation by black holes, 《*Comm. Math. Phys.*》, 43, 199~220.

Hughston, L.P., Jozsa, R., and Wooters, W.K.(1993), A complete classification of quantum ensembles having a given density matrix, 《*Phys.*

Letters⟩, **A183**, 14~18.

Károlyházy, F.(1966), Gravitation and quantum mechanics of macroscopic bodies, ⟨*Nuovo Cim.*⟩, **A42**, 390.

Károlyházy, F.(1974), Gravitation and quantum mechanics of macroscopic bodies, ⟨*Magyar Fizikai PolyoirMat*⟩, **12**, 24.

Károlyházy, F., Frenkel, A. and Luk cs, B.(1986), On the possible role of gravity on the reduction of the wave function. In 『*Quantum Concepts In Space and Time*』, eds. R. Penrose and C.J. Isham(Oxford: Oxford University Press), 109~28쪽.

Kibble, T.W.B(1981), Is a semi-classical theory of gravity viable? In 『*Quantum Gravity 2: A Second Oxford Symposium*』, eds. C.J. Isham, R. Penrose and D.W. Sciama(Oxford University Press, Oxford), 63~80쪽.

Libet, B.(1992), The neural time-factor in perception, volition and free will, ⟨*Review De M taphysique et de Morale*⟩, **2**, 255~72.

Libet, B., Wright, E.W. Jr, Feinstein, B. and Pearl, D.K.(1979), Subjective referral of the timing for a conscious sensory experience, ⟨*Brain*⟩, **102**, 193~224.

Lockwood, M.(1989), 『*Mind, Brain and The Quantum*』(Oxford: Basil Blackwell).

Lucas, J.R.(1961), Minds, Machines and Gödel, ⟨*Philosophy*⟩, **36**, 120~4; reprinted in Alan Ross Anderson(1964), 『*Minds and Machines*』(New Jersey: Prentice-Hall).

Majorana, E.(1932), Atomi orientati in campo magnetico variabile, ⟨*Nuovo Cimento*⟩, **9**, 43~50.

Moravec, H.(1988), 『*Mind Children: The Future of Robot and Human Intelligence*』(Cambridge, MA: Havard University Press).

Omnés, R.(1992), Consistent interpretations of quantum mechanics, ⟨*Rcv. Mod. Phys.*⟩, **64**, 339~82.

Pearle, P.(1989), Combining stochastic dynamical state-vector reduction with spontaneous localisation, ⟨*Phys. Rev.*⟩, **A39**, 2277~89.

Penrose, R.(1989), 『*The Emperor's New Mind: Concerning Computers,*

Minds, and The Laws Of Physics』(Oxford: Oxford University Press).

Penrose, R.(1989), Difficulties with inflationary cosmology, in 『*Proceedings of the 14th Texas Symposium on Relativistic Astrophysics*』, ed. E. Fenves, 《*Annals of NY Acad. Sci.*》, **571**, 249(New York: NY Acad. Science).

Penrose, R.(1991), On the cohomology of impossible figures(la cohomologic des figures impossibles), 《*Structural Topolgy(Topologie structurale)*》, **17**, 11~16.

Penrose, R.(1994), 『*Shadows of the Mind: An Approach to the Missing Science Of Consciousness*』(Oxford: Oxford University Press).

Penrose, R.(1996), On Gravity's role in quantum state reduction, 《*Gen. Rel. Grav.*》, **28**, 581.

Percival, L.C.(1995), Quantum spacetime fluctuations and primary state diffusion, 《*Proc. R. Soc. Lond.*》, **A451**, 503~13.

Schrödinger, E.(1935), Die gegenwärtige Situation in der Quantenmechanik, 《*Naturwissenschaftenp*》, **23**, 807-12, 823-8, 844-9. (Translation by J.T. Trimmer(1980) in 《*Proc. Amer. Phil. Soc.*》, **124**, 323~38.)

Schrödinger, E.(1935), Probability relation between separated systems, 《*Proc. Camb. Phil. Soc.*》, **31**, 555~63.

Searle, J.R.(1980), Minds, Brains and Programs, In 『*The Behavioral and Brain Science*』(Cambridge: Cambridge University Press), 3권.

Seymore, J. and Norwood, D.(1993), A game for life, 《*New Scientist*》, **139**, No. 1889, 23~6.

Turing, A.M.(1937), On computable numbers wit an application to the Entscheidungsproblem, 《*Proc. Lond. Math. Soc.(ser. 2)*》, **42**, 230~65.; a correction, **43**, 544~6.

Turing, A.M.(1939), Systems of logic based on ordinals, 《*P. Lond. Math. Soc.*》, **45**, 161~228.

Von Neumann, J.(1955), 『*Mathematical Foundations of Quantum Mechanics*』(Princeton: Princeton University Press).

Wigner, E.P.(1960), The unreasonable effectiveness of mathematics in the physical sciences, 《*Commun. Pure Appl. Math.*》, **13**, 1~14.

Zurek, W.H. (1991) Decoherence and the transition from quantum to classical, 《Physics Today》, 44(No. 10), 36~44.

4장

1) 'We have to know, so we will know.' 이 말은 Hilbert의 묘비에 새겨져 있다. Constance Reid(1979), 『Hilbert』 (New York: Springer-Verlag), 229쪽을 참고하라.

2) Hilary Putnam(1994), Review of 『Shadows of the Mind』, 《The New York Times Book Review》, Nov. 29. 1994, 1쪽.

3) Roger Penrose(1994), Letter to the 《New York Times Book Review》, Dec. 18. 1994, 39쪽.

4) Ned Block(1989), 『Readings in Philosophy of Psychology』 (Cambridge, MA: Harvard University Press), 1권, 2~3부.

5) Alfred North Whitehead(1993), 『Adventures of Ideas』 (London: Macmillan); (1929), 『Process of Reality』 (London: Macmillan).

6) A. N. Whitehead, 『Adventures of Ideas』, 11장, 17절.

7) Ibid., 13장, 6절.

8) Roger Penrose(1989), 『The Emperor's New Mind』 (Oxford: Oxford University Press).

9) Abner Shimony(1965), 'Quantum Physics and the philosophy of Whitehead', in Max Black (ed.), 『Philosophy in America』 (London: George Allen & Unwin): reprinted in A. Shimony(1993), 『Search for a Naturalistic World View』 (Cambridge: Cambridge University Press), 2권, 291~399쪽; Shimon Malin(1988), A Whiteheadian approach to Bell's correlations, 《Foundations of Physics》, **18**, 1035.

10) M. Lockwood(1989), 『Mind, Brain and the Quantum』 (Oxford: Blackwell).

11) Henry P. Stapp(1993), 『Mind, Matter and Quantum Mechanics』 (Berlin: Springer-Verlag).

12) Bogdan Mielnik(1974), Generalized quantum mechanics, 《Communications in Mathematical Physics》, **37**, 221.

13) Martin Quack(1989), Structure and dynamics of chiral molecules, 《Angew. Chem. Int. Ed. Engl》, **28**, 571.

5장

1) 아래의 문헌을 참조할 것. R. F. Hendry, Approximations in quantum chemistry in Niall Shanks (ed.), 『Idealisation in Contemporary Physics』 (Rodopi, Amsterdam: Poznan Studies in the Philosophy of the Sciences and Humanities), R.G. Woolley(1976), 'Quantum theory and molecular structure', 《Advances in Physics》, **25**, 27-52.

2) 단일 체계에 대한 반론의 상세한 내용에 대해서는 아래의 문헌을 참조할 것. John Dupre(1993), 『The Disorder of Things: Metaphysical Foundations of Disunity of Science』(Cambridge, MA: Harvard University Press); Otto Neurath(1987), 『Unified Science』, Vienna Circle Monograph Series, trans. H. Kael(Dordrecht: D. Reidel).

3) 이 점을 더 살펴 보려면 다음 문헌을 볼 것. Nancy Cartwright(1993), Is Natural science natural enough? A reply to Phillip Allport, 『Synthese』, **94**, 291. 여기에 논의된 일반적인 관점에 관한 정교한 논의에 대해서는 다음 문헌을 볼 것. Nancy Cartwright(1994), 'Fundamentalism vs the patchwork of laws', 『Proceedings of the Aristotelian Society』; (1995), 'Where in the world is the quantum measurement problem', 『Physik, Philosophie und die Einheit der Wissenschaft, Philosophia Naturalis』, ed. L. Kreuger와 B. Falkenburg(Heidelberg: Spektrum).

부록 1

1) R, L, Goodstein, On the restricted ordinal theorem, 《Journal of Symbolic Logic》, **9**, 1944, 33~41.

2) R, Penrose, On understanding understanding, 《International Studies in the Philosophy of Science》, **11**, 1997, 20.

3) L.A.S. Kirby and J. B. Paris, in Accessible independence results for Peano arithmetic, 《Bulletin of the London Mathematical Society》, **14**, 1982, 285~93.

4. http://psyche.cs.monash.edu.au/psyche-index-v2.html을 참고하라. 더 완전한 인쇄된 참고 문헌은 다음과 같다. 《Psyche》, 2, 1996, 89~129.

부록 2

1) Ghirardi, G. C., Grassi, R., and Rimini, A, Continuous-spontaneous-reduction model involving gravity, 《Physics Review》, **A42**, 1990, 1057~74.

2) Moroz, I., Penrose, R., and Tod, K. P. Spherically-symmetric solutions of the Schrdinger-Newton equations, 《Classical and Quantum Gravity》, **15**, 1998, 2733-2742; Moroz, I., and Tod, K. P. An analytic approach to the Schringer-Newton equations, to appear in 『Nonlinearity』, 1999.

3) 여기에 관련된 조언을 해준 많은 동료들에게 감사한다. 특히 요하네스 다프리히(Johannes Dapprich)는 작은 (뫼스바우어 형태의) 결정체가 약간 다른 두 위치의 선형 중첩이 일어날 만한 물체라는 아이디어를 제안했다. 안톤 자일링거와 그의 인스브루크 대학 실험물리연구소 동료들은 적합성 문제와 실험의 적절한 규모에 대해 구체적인 조언을 해 주었다. 우주 실험은 앤더스 핸슨(Anders Hansson)과의 토론에서 얻은 결과이다. 지상 실험의 예비 단계에 대한 설명은 다음 문헌에 나와 있다. Penrose, R., Quantum computation, entanglement and state reduction, 《Philosophical Transactions of the Royal Society of London》, **356**, 1998, 1927-39.

찾아보기

ㄱ

가생디, 피에르 183
간섭계 120
골드바흐의 추측 142~144
광자 82~83, 98~100, 104, 114
광행차 변환 41
괴델 논의 144, 147, 149, 151, 208, 224~225
굿스타인, 루벤 루이스 7
극사영 39~40, 61
급팽창 16, 62, 70~71

ㄷ

다세계 102, 105
단자론 182
닫힌 우주 64~66, 72~73
대수축 52, 54, 66, 73~74
대폭발 15, 52, 63, 66, 70~75
더긴스, 앤드루 8
더빈, 제임스 198
도이치, 데이비드 159
드 브로이 102~103
디랙 괄호 88, 104~105
딥 소트 136

ㄹ

라그랑주, 조제프 루이 141~143
라이프니츠, 고트프리트 182
람베르트, 요한 하인리히 57
로렌츠 군 36~37, 60
로렌츠 변환 36

로바체프스키 기하 54~55, 57~61
로젠, 나단 92
로쿠드, 마이클 189
리만 구 40, 88~89
리만 텐서 72
리벳, 벤저민 172~173
리치 곡률 44~46

ㅁ

마르코프, 안드레이 159
마셜, 윌 6
맞춤형 세포액 170
모로즈, 아이린 6
뫼비우스 변환 41
무효과 측정 91, 94, 98
문화의 세계 125~127
물리적 세계 26~28, 128, 130
미세소관 165~171, 197
미엘니크, 보그단 190~191, 215
민코프스키 기하 60~61, 79
민코프스키, 헤르만 37, 122
밀도 행렬 108~112

ㅂ

바인푸르터, 하랄트 99
바일 곡률 44~45, 72~73
반사실 95
버거, 로버트 155~156
버클리, 조지 125
베켄슈타인, 야콥 75
벡, 프리드리히 218

벨, 존 93, 101
보미스터, 딕 6
보어, 닐스 101~102
복소 공액 109
복소 파동 84
볼츠만 상수 68
봄, 데이비드 92, 107
불가능한 삼각형 176
불발탄 94~97
브라 벡터 108~109
블랙홀 15, 48, 64, 66, 73~75, 205
비국소성 8, 18, 91~93, 119, 169, 174~175
비유클리드 기하 46, 56, 57
빛원뿔 35~41, 60, 114

ㅅ
사이먼, 크리스토프 6
상태 벡터의 오그라듦 18, 87
설, 존 134, 178~179, 212
세계선 37, 46, 159, 160
셀형 오토마톤 168~169, 171
슈뢰딩거 방정식 32, 80~81, 86
슈뢰딩거의 고양이 92, 99~100, 103, 206~207, 223
스탭, 헨리 189
스펙트럼 선 81
심성 177~178, 181, 183, 186, 188, 214
쌍곡 기하 15, 60, 62, 73
쌍성 펄서 48~49, 119

ㅇ
아스페, 알랭 93~94
아인슈타인의 등가 원리 123
앨버트 임퍼레이터 151
양면 이론 179
양자 결맞음 8, 170

양자 상태의 오그라듦 6, 115~116, 118, 123
에델먼, 제럴드 164
에딩턴, 아서 47
에서 9, 55, 58, 61
에우독수스 58
에클레스, 존 218
FAPP(모든 실질적인 목적을 위하여) 101~111, 120
X 미스터리 91
엔트로피 17, 67~70, 73, 75
엘리추어-베이드만 폭탄 검사 18, 94, 96
열린 우주 64~66, 72
열역학 제2법칙 67~68, 76
열적 평형 68
OR(객관적 오그라듦) 113, 115, 123, 169~172, 187, 206, 223
온사거, 라르스 201
와인버그, 스티븐 13
우주 마이크로파 63~64
원시심성 183
원형 한계 15, 54~55, 58~59, 61
월드, 봅 100, 102
위그너, 유진 77, 128
위상 공간 67~68
윌슨, 로버트 63
유기체 철학 182
유클리드 기하 56~57, 77, 79
유클리드의 제5공준 56
육면체 122~123
인공 신경망 163
일원 진행 86, 102, 221, 223

ㅈ
자연 선택 149
자일링거, 안톤 99

잠재성 177, 186
장난감 모형 우주 154~155
정신적 세계 125, 127, 129, 130
제로치-하틀의 양자 중력 체계 159
Z 미스터리 91, 94, 99, 107
조수력 효과 43~46, 72
주렉 101
중국의 방 178, 212
중력 에너지 118~119
중력장 123
중성자별 48
중첩 106, 114~120, 187~188, 191, 194
짚신벌레 164

ㅊ
창발 132, 175
체스 136~139
초선택 규칙 193

ㅋ
카르탕, 엘리 조제프 33, 121
카세비치, 마크 99
칸토르의 대각선 절차 146
켓 벡터 108~109
코른후버, 한스 172~173
코펜하겐 학파 101~102
퀘이사 47
쿼아트, 폴 99
크로논 29
크리스천, 조이 123
클래스린 167

ㅌ
테일러, 조지프 48
토드, 폴 6
튜링 기계 139

튜링 테스트 138
튜불린 167~169, 197

ㅍ
파동 입자 이중성 91
파동 함수의 객관적 오그라듦 18, 191, 209
π_1 문장 143, 147, 149
퍼트남, 힐러리 178, 213
펜로즈 과정 15
펜로즈 도형 15
펜로즈 타일 15
펜로즈, 라이오넬 15
펜지아스, 아르노 63
평행 공준 59
평행 우주 105
포돌스키, 보리스 92
포퍼, 칼 125~127
폴리오미노 154~158
푸앵카레 원반 61
프뢸리히, 헤르베르트 169, 186
프리드먼 모형 53, 62~63, 66
플라톤 세계 20, 26~28, 126, 129, 162
플랑크 길이 29~30, 115~116
플랑크 상수 118, 122

ㅎ
해머로프, 스튜어트 8, 171
헐스, 러셀 48
헤머로프, 스튜어트 168
헤브 메커니즘 163
화이트헤드, 앨프레드 182~183, 185, 187~189, 193, 213~214
화이트홀 74
흑체 복사 63~64, 82
힐베르트 공간 79, 190, 215~216

저자들에 대하여

로저 펜로즈(Roger Penrose)

1931년 영국 에식스 지방 컬체스터에서 출생했으며, 런던 유니버시티 칼리지를 졸업하고 세인트존스 칼리지에서 수학 박사 학위를 받았다. 영국과 미국의 여러 대학에서 교직을 지냈으며 수학, 물리학, 천문학, 철학, 인지과학 등에 걸친 방대한 학제 간 연구를 통해 위대한 학자로 인정받아 1972년에 영국 왕립협회 회원, 1998년에는 미국 과학 아카데미 외국인 회원이 되었다. 또한 1988년에 스티븐 호킹과 함께 울프(Wolf) 상을 수상하였고, 디랙 메달과 알베르트 아인슈타인 상도 수상하였다. 그리고 저서 『황제의 새 마음(*The Emperor's New Mind*)』(1989)은 베스트셀러가 되어 그에게 과학 도서상을 안겨 주었다. 현재 그는 옥스퍼드 대학교 라우스볼 수학 석좌 교수이자 런던 그레셤 칼리지의 그레셤 기하학 교수이다. 저서로 『마음의 그림자(*Shadows of the Mind*)』(1994), 『시간과 공간에 관하여(*The Nature of Space and Time*)』(1996, 공저) 등이 있다.

애브너 시모니(Abner Shimony)

예일 대학교와 프린스턴 대학(1953년)에서 물리학 박사 학위를 받았으며, 보스턴 대학교의 철학 및 물리학(양자역학) 명예 교수이다. 매사추세츠 공과대학(MIT), 파리 XI 대학교, 제네바 대학교 등에서 과학철학과 인식론을 가르쳤으며 미국 국립과학재단, 구겐하임 재단의 명예 회원이다. 지서로 『자연주의 인식론(*Naturalistic Epistemology*)』(1987), 『자연주의 세계관에 대한 연구(*The Search for a Naturalistic World View*)』(1993), 『경험주의 형이상학(*Experimental Metaphysics*)』(2001) 등이 있다.

낸시 카트라이트(Nancy Cartwright)

피츠버그 대학교에서 수학을 전공하고(1966) 일리노이 대학교에서 「양자 역학의 철학적 분석」으로 박사 학위를 받았다(1971). 매릴랜드, 스탠퍼드, 캘리포니아, 프린스턴, 피츠버그 등의 대학교 및 캘텍 연구소에서 교직을 지냈으며, 현재는 런던 경제학 스쿨(LSE) 및 캘리포니아 대학교의 철학 교수로 재직 중이다. 또한 LSE 자연철학 및 사회철학 센터, 케임브리지 역사 및 경제학 센터에서 물리학과 경제학을 중심으로 과학사 및 과학철학을 연구하고 있다. 저서로 『자연의 능력과 그 측정법(*Nature's Capacities and Their Measurement*)』(1994), 『오토 노이라트(*Otto Neurath*)』(1996), 『얼룩진 세계(*The Dappled World*)』(1999) 등이 있다.

스티븐 호킹(Stephen William Hawking)

1942년 1월 8일 영국 옥스퍼드에서 출생했으며, 옥스퍼드 대학교에서 물리학을 전공했다. 그 후 케임브리지 대학교 최초의 우주학 박사 학위를 받았으며, 1973년부터는 응용수학 및 이론 물리학을 연구하여 1979년에 루카스 수학 석좌 교수가 되었다. 그는 우주를 지배하는 기본 법칙들에 대한 연구를 진행하여 로저 펜로즈와 함께 아인슈타인의 일반 상대성 이론과 양자 이론을 통합하는 위대한 과학적 성과를 일궈 냈다. 또한 그는 저명한 과학 저술가로서 『시간의 역사』등을 저술하여 과학 대중화에 많은 기여를 하였다.

엮은이 맬컴 롱에어(Malcolm Sim Longair)

1941년 스코틀랜드에서 출생하였으며, 세인트앤드루 대학교와 던디 대학교를 졸업하고 1967년에 케임브리지 대학교에서 석사 및 박사 학위를 받았다. 케임브리지 대학교의 자연철학 교수이자 캐번디시 연구소장으로서, 천체물리학과 우주학 분야의 세계적인 권위자이다. 저서로 『앨리스와 우주 망원경(*Alice and the Space Telescope*)』(1989), 『물리학의 이론적 개념들(*Theoretical Concepts in Physics*)』(1991), 『은하 형성(*Galaxy Formation*)』(1998), 『우리의 진화하는 우주(*Our Evolving Universe*)』(1997) 등이 있다.

Picture Credits

The Emperor's New Mind, R. Penrose, 1989. Oxford: Oxford University Press. 1.6, 1.8, 1.11, 1.12, 1.13, 1.16(a), (b) and (c), 1.18, 1.19, 1.24, 1.25, 1.26, 1.28(a) and (b), 1.29, 1.30, 2.2, 2.5(a), 3.20.

Shadows of the Mind, R. Penrose, 1994. Oxford: Oxford University Press. 1.14, 2.3, 2.4, 2.5(b), 2.6, 2.7, 2.19, 2.20, 3.7, 3.8, 3.10, 3.11, 3.12, 3.13, 3.14, 3.16, 3.17, 3.18.

High Energy Astrophysics, Volume 2, M.S. Longair, 1994. Cambridge: Cambridge University Press. 1.15, 1.22.

Courtesy of Cordon Art-Baarn-Holland © 1989. 1.17, 1.19.

우주, 양자, 마음

1판 1쇄 펴냄 2002년 10월 30일
1판 5쇄 펴냄 2020년 10월 30일

지은이 로저 펜로즈, 애브너 시모니, 낸시 카트라이트, 스티븐 호킹
엮은이 맬컴 롱에어
옮긴이 김성원, 최경희
펴낸이 박상준
펴낸곳 (주)사이언스북스

출판등록 1997. 3. 24.(제16-1444호)
(06027) 서울시 강남구 도산대로1길 62
대표전화 515-2000, 팩시밀리 515-2007
편집부 517-4263, 팩시밀리 3444-5185
www.sciencebooks.co.kr

한국어판 ⓒ (주)사이언스북스, 2002, 2020. Printed in Seoul, Korea.

ISBN 978-89-8371-102-1 03420